NEWTON PRESS
兒童伽利略 ⑤

飛機學校

人人出版

前言

大家好!
我是「小紅豬」。

【兒童伽利略系列】總是用簡單明瞭的方法,告訴你科學的趣味。這次,我們要聊的主題是「飛機」。

人類雖然不像鳥類一樣長有翅膀,但只要搭乘飛機,便能輕鬆地在天空飛翔。

一下子就能飛到遙遠的城市和國家。真是非常方便又帥氣的交通工具。

小紅豬

但是，飛機為什麼能在天空飛翔呢？
飛機有哪些種類呢？

　我將會和我的朋友「小藍兔」一起用輕鬆又易懂的方式，為你們介紹關於飛機的知識。

　讀了這本書，你就會對飛機非常了解！
　如果下次有機會搭乘飛機，把這本書連同我們一起帶去，一定會很開心哦！

小紅豬

小藍兔

目次

前言 ... 2
本書的特色 ... 8
角色介紹 ... 9

飛機照相館

飛機好大哦！ ... 10
排列著各種儀表的駕駛艙 ... 12
飛機的組裝工廠 ... 14
裝配著螺旋槳的「渦輪螺旋槳發動機」 ... 16
噴射發動機的噴射氣流 ... 18

第1節課 飛機的機械結構

01 飛機上處處都是讓它能在天空飛行的機關 ... 20
02 瞧一瞧飛機的內部是什麼樣子吧！① ... 22
03 瞧一瞧飛機的內部是什麼樣子吧！② ... 24
04 為什麼飛機的發動機看起來很像電風扇呢？ ... 26
下課時間 尾翼也有發動機的「三引擎噴射機」 ... 28
05 能夠承受高空1萬公尺環境的堅固機體 ... 30
下課時間 輕盈又堅固的材料「碳纖維強化聚合物CFRP」 ... 32
06 飛行中的飛機遇到雷擊會怎樣？ ... 34
07 飛機的油箱裝在機翼裡面 ... 36
08 能夠緩和起降時衝擊的機械結構 ... 38
09 找找看使客艙更加舒適的祕訣吧！ ... 40
10 飛行中，客艙服務員在哪裡休息？ ... 42
11 裝載貨物時要注意平衡 ... 44
下課時間 利用空氣的力量沖水的機上廁所馬桶 ... 46

4

第2節課　飛機是如何飛起來的呢？

- 01　排列著許多液晶顯示器和開關的駕駛艙 ... 48
- 02　飛機是由電腦在駕駛的嗎？... 50
- 03　把機體抬向空中的「升力」... 52
- 04　幫助起飛的「縫翼」、「襟翼」、「升降舵」... 54
- 05　飛機因為有「飛行操縱面」才能在空中改變姿勢 ... 56
- 06　雖然小但能發揮大作用的「尾翼」... 58
- 07　降落時從地面利用電波引導 ... 60
- 08　煞車時發動機仍然全部開啟著！？... 62
- 09　因為有「航空地面燈」所以在黑暗中也能降落 ... 64
- 10　負責管理空中交通的塔臺「飛航管制」... 66
- **下課時間**　利用飛行紀錄器探索飛航事故的原因 ... 68
- 11　在機場降落後立刻開始準備下一趟飛行！... 70
- 12　支持飛行安全的維修作業 ... 72
- **下課時間**　終止飛航任務的飛機怎麼處理？... 74

第3節課　飛機圖鑑①客機

- 01　配備多項新技術的波音B787 ... 76
- 02　暱稱為「三七」的波音B777 ... 78
- 03　駕駛艙相同的「同期生」波音B767/B757 ... 80
- 04　讓海外旅行變容易的「巨無霸噴射客機」波音B747 ... 82
- 05　翱翔天際長達50年的長銷機型波音B737 ... 84
- **下課時間**　相同機型卻具有不同體型！？... 86
- 06　運送大量旅客的最大客機空中巴士A380 ... 88

5

07 從鳥翼獲得靈感而製造的空中巴士A350XWB ... 90
08 外觀極為相似的姐妹機空中巴士A340/A330 ... 92
09 空中巴士公司的大熱門系列「A320家族」... 94
10 起初為不同公司製造不同名稱的空中巴士A220 ... 96
　下課時間　飛機票價便宜的「廉價航空LCC」... 98
11 以T字形尾翼為商標的龐巴迪CRJ系列 ... 100
12 具有裝配螺旋槳機翼的Dash 8（DHC-8）... 102
13 不斷進化的窄體客機E-Jet ... 104
14 最適合離島航線使用的靈巧飛機ATR 42/ATR 72 ... 106
15 精實打造因而長壽的SAAB 340 ... 108
　下課時間　有稜有角的小客機 ... 110

第4節課　飛機圖鑑②各種飛機

01 經過100年才實現的少年夢想HondaJet ... 112
　下課時間　小飛機圖鑑 ... 114
02 簡直就像海豚一樣？運送飛機零組件的飛機 ... 118
　下課時間　世界最大的貨物運輸機 ... 120
03 戰鬥機為什麼能飛得快？... 122
04 能夠使用強力發動機垂直起降的F-35B ... 124
05 裝配高性能雷達的「無敵」飛機F-15鷹式戰鬥機 ... 126
06 價格較廉但性能優異的F-16 ... 128
07 擅長特技飛行的俄羅斯戰鬥機蘇愷Su-27/Su-35S ... 130
08 各具特色的歐洲戰鬥機群 ... 132
　下課時間　團隊合作！軍機圖鑑 ... 134

09 緊急時派上用場！載送國家高層人士的「政府專機」... 138
　下課時間 在空中飛行的指揮所「守夜者」Nightwatch ... 140

第5節課 「以前的飛機」和「未來的飛機」

01 1903年萊特兄弟完成人類首次動力飛行 ... 142
02 比萊特兄弟更早構想出飛機的二宮忠八 ... 144
03 1910年裝配發動機的飛機第一次在日本的天空飛行 ... 146
04 1911年奈良原三次製造出日本第一架國產飛機 ... 148
　下課時間 被譽為「無敵」的日本國產零式戰鬥機 ... 150
05 1900年代前半期使用活塞驅動的往復式發動機的時代 ... 152
06 1900年代後半期發動機進化而產生了噴射客機 ... 154
07 1962年戰後的日本第一架客機YS-11升空 ... 156
08 1970年代～以音速飛行的夢幻客機協和號 ... 158
09 即將來臨！使用超音速客機縮短航空旅行 ... 160
10 即將來臨！因為太大而裝配摺疊式機翼的波音B777X ... 162
11 即將來臨！使用「飛行汽車」在天空行駛 ... 164
　下課時間 動畫中的交通工具在現實中成真M-02J ... 166
12 近未來使用對地球友善的燃料讓飛機飛行 ... 168
13 近未來利用電力驅動的飛機eVTOL將會取代計程車 ... 170

十二年國教課綱對照表 ... 172

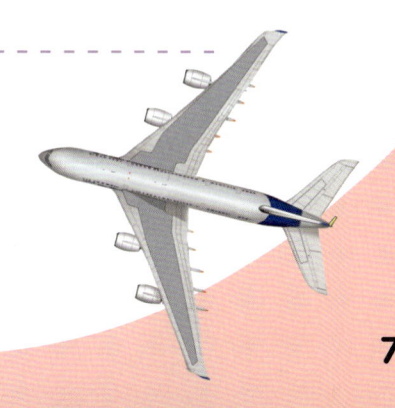

本書的特色

一個主題用2頁做介紹。除了主要的內容，還有告訴我們相關資訊的「筆記」以及能讓我們得到和主題相關小知識的「想知道更多」。

此外，在書中某些地方會出現收集有趣話題的「下課時間」，等著你去輕鬆瀏覽哦！

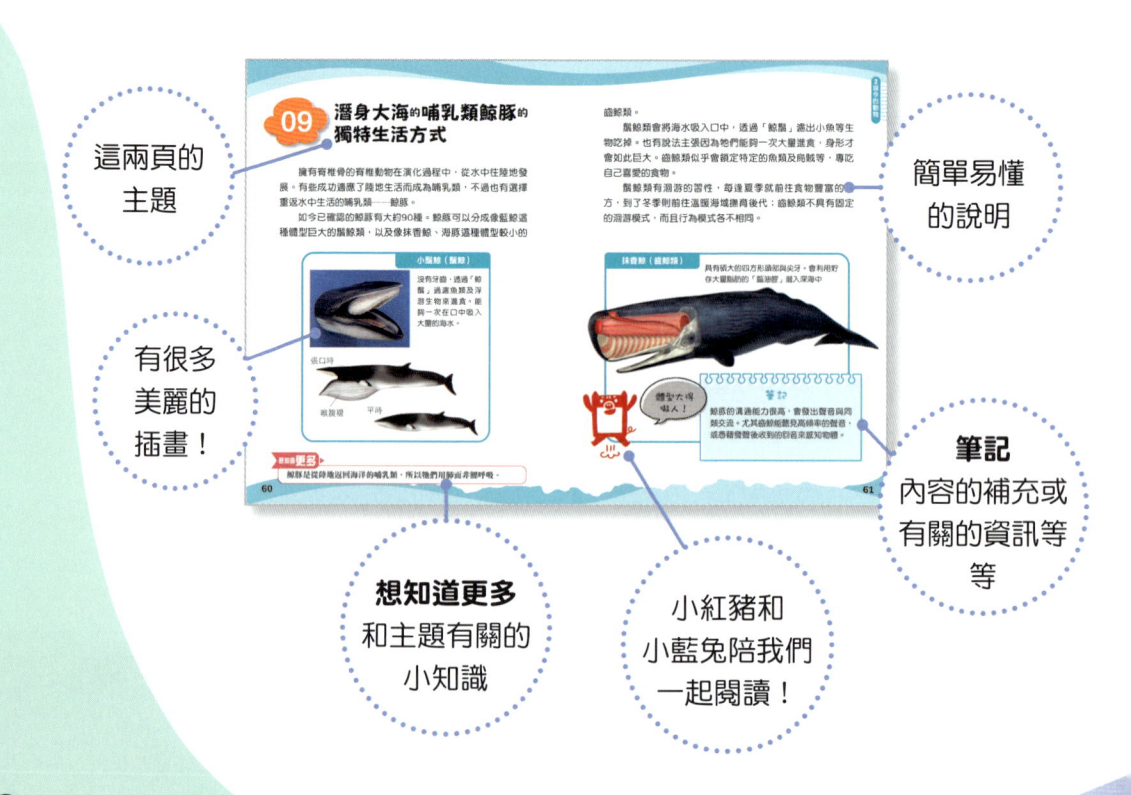

這兩頁的主題

簡單易懂的說明

有很多美麗的插畫！

筆記
內容的補充或有關的資訊等等

想知道更多
和主題有關的小知識

小紅豬和小藍兔陪我們一起閱讀！

8

角色介紹

小紅豬

【兒童伽利略】科學探險隊的小隊長。圓圓的鼻子是最迷人的地方。

小藍兔

小紅豬的朋友,科學探險隊的隊員。很得意自己有像兔子一樣長長的耳朵。雖然常常說些笨話,但倒是滿可愛的。

小紅豬也能變身唷!

鳥

飛機

鳥飛機塔臺

飛機照相館

飛機好大哦！

A380一次能夠搭載500人以上吔！

世界最大的客機空中巴士A380（→第88頁）起飛的場景。請將它和下方的人們比較看看。由此可知它是多麼巨大的交通工具啊！

哇！
好大哦！

飛機照相館

排列著各種儀表的駕駛艙

好多圓圓的指針儀表哦！

12

1969年製造的YS-11（→第156頁）的駕駛艙，排列著許多指針式的儀表。現在則是以排列著液晶顯示器的玻璃駕駛艙（→第48頁）為主流。

> 最新的駕駛艙當然不錯啦！不過這個也很帥氣吧！

飛機照相館

飛機的組裝工廠

原來是這樣組裝的呀～～

位於美國北卡羅萊納州的「HondaJet」（→第112頁）的最後組裝線。在廣闊的廠房內，同時組裝許多架機體。

我也想組裝看看！

飛機照相館

裝配著螺旋槳的「渦輪螺旋槳發動機」

發動機也有許多不同的種類哦！

16

ATR 42（→第106頁）的機翼裝配的發動機（又稱為引擎）。驅動螺旋槳的發動機稱為「渦輪螺旋槳發動機」，和噴射發動機（→第26頁）不一樣。

飛機照相館

噴射發動機的噴射氣流

走啊！我們也去旅行吧！

　　從羽田機場起飛的波音B767（→第80頁）。機翼下方的噴射發動機（→第26頁）噴出強勁的噴射氣流，會像熱浪一樣晃動，所以很容易看得出來。

第 **1** 節課

飛機的機械結構

飛機是用什麼東西打造出來的呢？發動機是怎麼運作的呢？機上的食物放在哪裡呢？在這節課裡，讓我們像拆解飛機般，詳細地研究一下飛機的祕密吧！

上課嚕！

01 飛機上處處都是讓它能在天空飛行的機關

　　俐落流線型的機身配上巨大的機翼。應該有很多人覺得飛機的造型真是「太帥了」吧！而且，不只是「帥氣」而已，飛機上到處都有讓它能在天空飛行的機關。

　　在這裡，就以空中巴士公司（Airbus）的A380（→第88頁）為例，來看看飛機（客機）的機械結構吧！

客機的機械結構

小翼
在飛行中，沿著主翼流動的空氣在機翼的下面和上面所產生的壓力並不一樣，因此會在翼尖產生「翼尖渦旋」（wingtip vortices，從機翼下面往上面捲進來的空氣旋渦）。翼尖渦旋會增加空氣阻力，導致飛機的燃油效能惡化。如果裝設小翼，便能抑制翼尖渦旋的產生。依據形狀及廠商的不同，小翼會有不同的名稱，例如空中巴士A380裝設的小翼稱為「翼尖擋流板」（wingtip fence）。

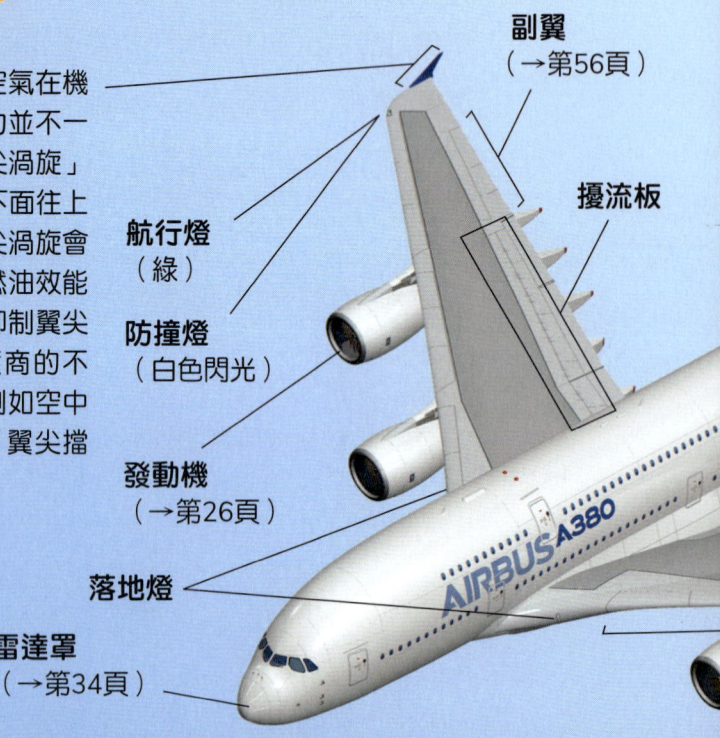

副翼（→第56頁）

擾流板

航行燈（綠）

防撞燈（白色閃光）

發動機（→第26頁）

落地燈

雷達罩（→第34頁）

想知道更多

船艦裝設的「航海燈」也和飛機航行燈一樣，左舷亮紅光，右舷亮綠光。

在巨大的主翼上，裝配有4具「發動機」。發動機不只是驅動飛機而已，也具有產生電力提供駕駛艙和客艙使用的發電機功能。

主翼尖端裝有可減少空氣阻力的「小翼」（winglet），以及用於表示前進方向和位置等的「航行燈」。左邊機翼的航行燈發出紅光，右邊機翼的航行燈發出綠光。

在機身後方，裝設有「水平尾翼」和「垂直尾翼」，用於保持機體飛行中的姿勢。

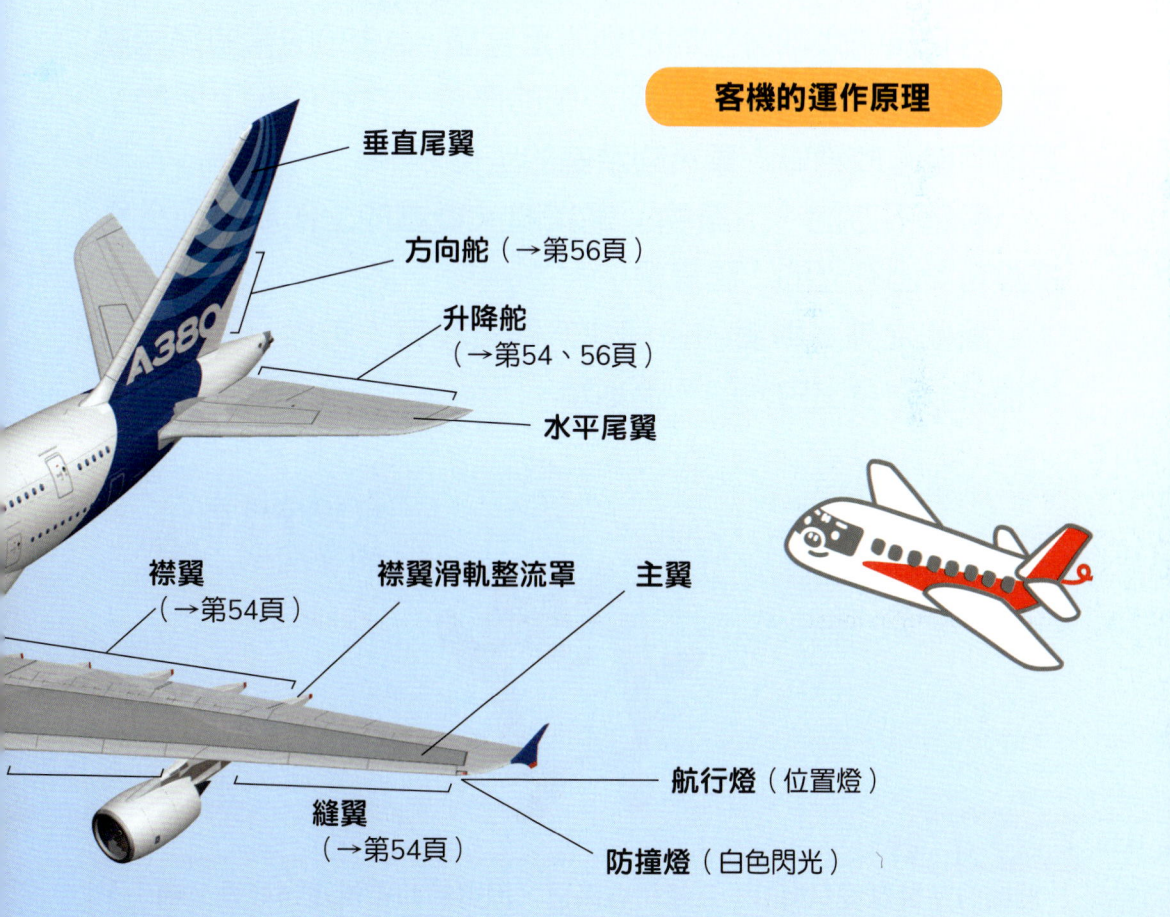

客機的運作原理

- 垂直尾翼
- 方向舵（→第56頁）
- 升降舵（→第54、56頁）
- 水平尾翼
- 襟翼（→第54頁）
- 襟翼滑軌整流罩
- 主翼
- 縫翼（→第54頁）
- 航行燈（位置燈）
- 防撞燈（白色閃光）

02 瞧一瞧飛機的內部是什麼樣子吧！①

　　飛機裡面，簡直就像拼圖的小片一樣，配置著各式各樣的裝置。這一單元和下一單元要介紹的是空中巴士A380（→第88頁）的內部景象。

　　首先，我們來看看前段的部分吧！前面是駕駛艙，這裡是駕駛飛機的地方。

　　占有機體大部分空間的地方是客艙。A380的客艙是兩層樓，一樓的「主層艙」有經濟艙的座位，二樓的「上層艙」有頭等艙、商務艙、豪華經濟艙的座位。

　　客艙下方的「下層艙」是貨艙。機體的上部和下部分別裝設有發出紅光的「防撞燈」。

　　除此之外，機體的各個地方都裝設有「天線」、機翼的翼根裝設有發出白光的「落地燈」。

好想搭搭看頭等艙哦！

想知道更多

飛機的塗裝厚度只有0.1公釐左右而已，但整體的重量達到好幾公噸。

22

1 飛機的機械結構

防撞燈（紅色閃光）
用於防止和其他飛機相撞的燈。起飛時，在開始移動之前就先亮燈，飛行中不分日夜都亮著。

結冰探測器
機翼和發動機如果結冰，可能會有故障、失速等危險，所以利用這個裝置檢測是否有結冰。

天線
機體的各個部位安裝有不同種類的天線，例如和地面的塔臺交換訊息的「通訊用天線」、接收GPS電波的「導航用天線」等等。

主層艙
（一樓・客艙）

上層艙
（二樓・客艙）

駕駛艙
（→第48頁）

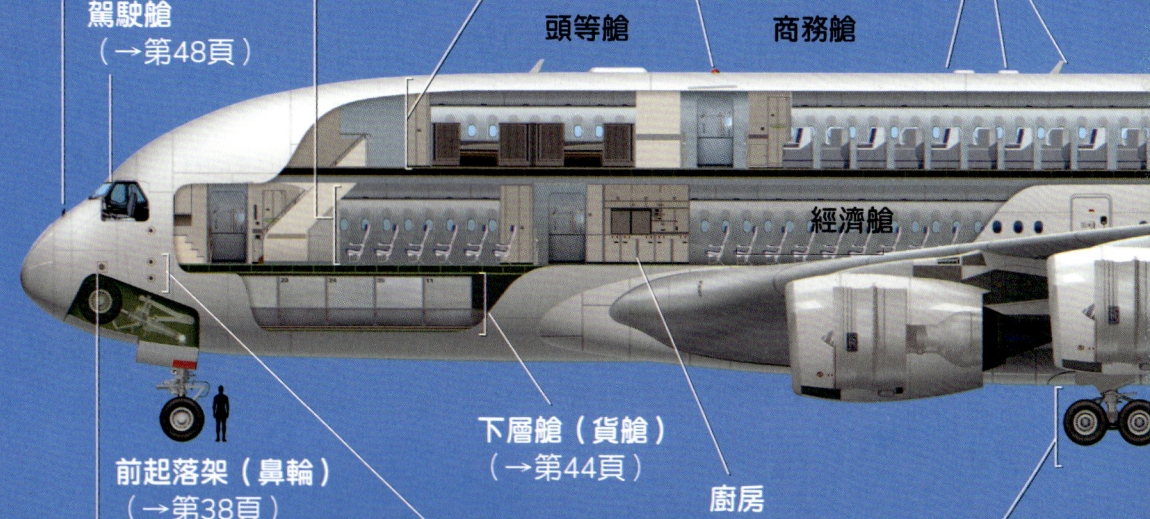

頭等艙

商務艙

經濟艙

前起落架（鼻輪）
（→第38頁）

下層艙（貨艙）
（→第44頁）

廚房
（→第43頁）

主起落架（翼輪）
（→第38頁）

靜壓孔
吸入氣流以便測量「靜壓」的裝置。這裡的「靜壓」就是大氣壓。

皮托管
吸入氣流以便測量「動壓（正面承受的風所產生的壓力）」和「靜壓（大氣壓）」合起來的「總壓」的裝置，又稱為全壓管。機首的兩側各有兩個。從皮托管的總壓值減去靜壓孔的靜壓值求得動壓值，依此計算出飛行速度。

> 我是搭經濟艙也可以啦！

23

03 瞧一瞧飛機的內部是什麼樣子吧！②

接著，來看看空中巴士A380（→第88頁）客機的後段部分吧！

機體的左側（插圖中為近側）有乘客上下飛機的「客艙門」。機體的右側（插圖中為遠側）的門為「服務門」，用於裝卸機上食物及備品，或是做為緊急出口。

客艙的後側有「尾部耐壓艙壁」^{編註}，用於隔開氣壓被增大的客艙和外部空間。

飛機的尾巴部分裝設有稱為「尾橇」（tail skid）的裝置，用於防止飛機在起降時尾部撞擊或摩擦地面。

機體的最後面，有稱為APU（auxiliary power unit，輔助動力裝置）的小型發動機。飛機在地面，還沒有啟動發動機時，用它來提供空調和照明所需的電力。啟動發動機所需的電力也是由APU提供。

編註：飛機升到1萬公尺的高空時，機艙外的空氣稀薄，氣壓僅有地面的25%。為了不讓習慣於平地氣壓的乘客因身體的內外壓力差感到不舒服，會在密閉的機艙內加壓，以接近地面的氣壓。另一方面，為了確保機體結構安全，能在高空承受內外壓力變化，機艙內需有耐壓艙的結構，由圓筒形骨架、橫梁及兩端的耐壓艙壁等組成。

想知道更多

有些機型會裝設照亮垂直尾翼上航空公司標誌的燈具。

1 飛機的機械結構

尾燈
機體的最後面（APU後端下方等處）的燈。在夜間飛行等場合，和航行燈一起顯示飛機的前進方向及位置等等。

左側和右側的門用途不一樣哦！

客艙門（出入門）

服務門

豪華經濟艙

APU
（輔助動力裝置）

尾部耐壓艙壁

中央起落架
（→第38頁）

小翼
（→第20頁）

排氣閥門
（→第41頁）

尾橇
形狀依機型而異。相片只是一個例子，並非A380的尾橇。

25

04 為什麼飛機的發動機看起來很像電風扇呢？

在飛機的機翼下方，有一種很像電風扇的裝置，這就是讓飛機能在天空飛行不可缺少的「發動機」。

噴射發動機從前方吸入空氣，和燃料混合後燃燒，產生高溫高壓的氣體，往後方猛烈地噴出去。現代主要的客機是以時速900公里左右的速度在飛行。能夠產生這麼強大的力量，真是厲害啊！

噴射發動機有許多不同的種類，但現在主要使用的是「渦輪風扇發動機」。它的特徵是使用和電風扇相似的「風扇」，吸入大量的空氣。吸入的空氣在發動機裡面分成兩股，一股成為燃燒氣體朝後方噴出去，另一股好像包住整個發動機一樣地往後方送出。利用這樣的機械結構，不但能夠提升燃油效能，而且可以降低噪音[編註]。

編註：外側的「旁通氣流」包住整個發動機及朝後方猛烈噴出的「噴射氣流」，具有隔音效果，可降低發動機及噴射氣流產生的噪音。

想知道更多

直到1950年代之後，才以裝設風扇的「渦輪噴射發動機」為主流。

26

渦輪風扇發動機
（勞斯萊斯的特倫特Trent 900）

從直徑約3公尺的空氣吸入口，以時速560公里的速度，每秒鐘吸入大約1公噸的空氣。

中壓壓縮機
由旋轉的翼片（動翼）和固定不動的翼片（固定翼）交互組合構成，動翼把空氣往固定翼推壓，藉此壓縮空氣。

高壓壓縮機
把從中壓壓縮機送來的空氣進一步壓縮，再送入燃燒室。

低壓渦輪機
接受從中壓渦輪機送來的燃燒氣體而旋轉，驅動前頭的風扇。

扇葉
（24片扇葉）

火星塞

中壓渦輪機
接受從高壓渦輪機送來的燃燒氣體而旋轉，驅動中壓壓縮機。

燃燒室
把燃料噴入被壓縮機增高壓力的氣體，再利用火星塞產生的火花點火，產生燃燒氣體。

高壓渦輪機
接受從燃燒室送來的超過2000℃的燃燒氣體而旋轉，驅動高壓壓縮機。

> 和電風扇相反，它是把空氣吸進去。

渦輪風扇發動機的構造

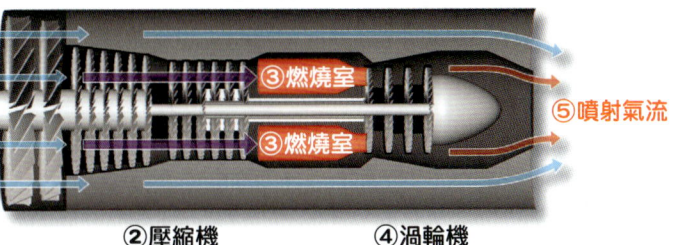

① 旁通氣流
② 壓縮機
③ 燃燒室
④ 渦輪機
⑤ 噴射氣流

①風扇吸入的空氣被分成通過中心附近的內側空氣和外圍的外側空氣（旁通氣流）。
②中心附近的空氣被壓縮機壓縮。
③·④被壓縮的空氣在燃燒室成為燃燒氣體，驅動渦輪機旋轉。
⑤燃燒氣體朝後方猛烈噴出，成為「噴射氣流」，和①的「旁通氣流」合流。

1 飛機的機械結構

下課時間

尾翼也有發動機的「三引擎噴射機」

在大多數的情況下,飛機的發動機是在兩側的機翼下方各裝配1具,或者各裝配2具。總共裝配2具發動機的飛機稱為「雙引擎噴射機」,總共裝配4具發動機的飛機稱為「四引擎噴射機」。不過,也有少數飛機裝配3具發動機,稱為「三引擎噴射機」。

三引擎噴射機比四引擎噴射機輕,比雙引擎噴射機有力,所以只需要短短的

洛克希德L-1011三星Tristar（Euro Atlantic Airways,歐洲大西洋航空）
兩側的機翼下方各有1具,垂直尾翼有1具,總共裝配3具發動機。

跑道就行了。甚至還有把發動機全都裝設在機體後段的「後引擎噴射機」，由於機體的高度比其他飛機低，所以乘客和貨物的進出都比較輕鬆方便。

可是，三引擎噴射機的後發動機在操縱及維修上似乎比較困難，所以在1960～1990年代達到顛峰之後，便逐漸被更先進的雙引擎噴射機取代。

咦～？你會開飛機嗎？

這種飛機讓我來開，也沒問題！

波音B727（Nomads travel club，諾馬茲旅遊俱樂部）
發動機在機尾兩側各裝配1具，垂直尾翼裝配1具的「後發機」。

05 能夠**承受高空1萬公尺**環境**的堅固機體**

飛機飛行的地方，是離地表約1萬公尺的高空。那個地方的大氣壓只有地表的4分之1左右（0.26大氣壓）而已。也就是說，空氣相當稀薄，而且溫度降至-60°C。在這樣的環境中，飛機裡面的人都會因習慣於平地氣壓的身體產生內外壓力差而感到不舒服。因此，必須把飛機裡面的氣壓增加到接近人們平常生活的狀態（0.75大氣壓左右），並提升溫度，供應足夠的氧氣。

增加飛機內部的氣壓，則會對飛機的機身施加向外膨脹的力。這個力竟然達到每平方公尺5～6公噸。如果是一般的容器，恐怕馬上就爆裂了吧！不過飛機並沒有爆裂，這是因為飛機的機身是由非常堅固而輕盈的「鋁合金」等材料製造而成。

近年來，有些飛機使用了比鋁合金更堅固、更輕盈的「碳纖維強化聚合物CFRP」，這種材料的詳細介紹，請參見下一單元。

想知道更多
飛機的機身做成圓筒形，是為了使從內側往外膨脹的力分布均勻。

1 飛機的機械結構

> 橫梁也能撐住我這頭大胖豬吧！

空中巴士A380（→第88頁）的機身正在組裝的場景。把做為軸心的圓形「骨架」和往前後方向延伸的「縱桁」組裝在一起，外側再披上「蒙皮」把這些構材包住，就製成了機身。這種結構稱為「半單殼式結構」（semi-monocoque structure），特點是既能保持強度又能輕量化，所以現代的客機大多採用這種結構。

組裝中的A380

蒙皮
骨架
縱桁

橫梁
支撐上層艙地板的梁。使用CFRP製成。長度將近7公尺，但重量只有15公斤左右。

相片提供：AIRBUS

31

下課時間

輕盈又堅固的材料「碳纖維強化聚合物CFRP」

前一單元介紹的「CFRP」是一種把直徑數微米（1公尺的百萬分之1）的碳纖維摻入樹脂中再加以烘烤而製成的材料。飛機竟然使用不是金屬的材料來製造，真是令人驚訝啊！

CFRP和其他材料比起來，更能夠製造出大型的構件。因此，能夠減少螺絲等扣件，讓機體減輕重量，這也是它的

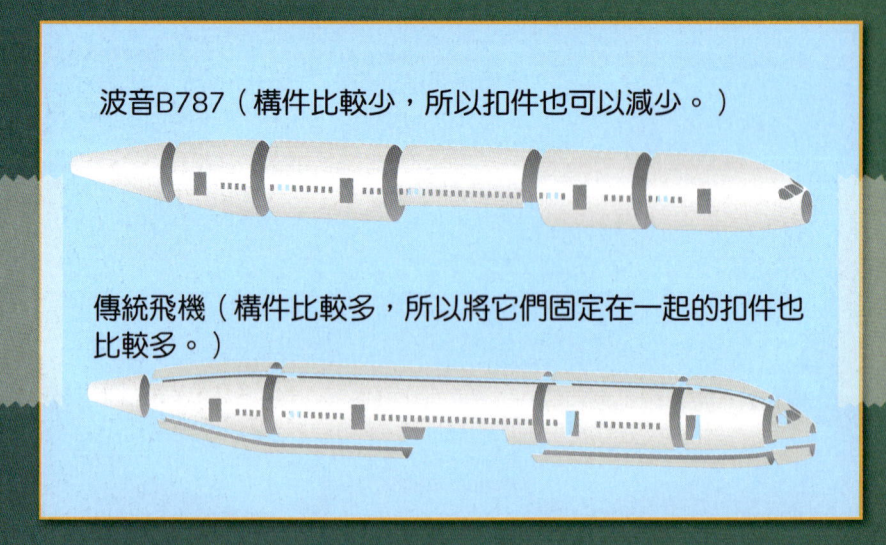

波音B787（構件比較少，所以扣件也可以減少。）

傳統飛機（構件比較多，所以將它們固定在一起的扣件也比較多。）

波音B787由於使用CFRP，構件比較少，所以扣件也可以比較少，因此比傳統飛機輕盈。

優點之一。

　　CFRP也有耐溼氣、不易腐蝕的特點。一般的飛機為了防止機體的腐蝕，都會把機內的濕度設定在10%左右（撒哈拉沙漠的平均空氣濕度為25%），但是，例如使用大量CFRP打造的波音B747（→第82頁）則可以提高到15%～20%。而且，氣壓也可以設定得高一點，讓乘客更加舒適！

> 感覺耳朵比較不會突然塞住哦！

CFRP是「carbon fiber reinforced polymer」
（碳纖維強化聚合物）的縮寫。波音B787的機體有50%（重量比）是使用CFRP製造。傳統的飛機由於強度的問題，機內的氣壓最高只能設定到0.75大氣壓，但波音B787則可以設定到0.8大氣壓。由於更接近地面的環境，因此可以讓乘客更加舒適。

06 飛行中的飛機遇到雷擊會怎樣？

天空突然閃了一道強烈的亮光，隨即傳來一陣巨大的「轟隆」聲，這就是閃電和打雷。如果雷電擊中了飛機，會怎樣呢？是不是有人會擔心這個事情？

事實上，多數飛機在機首的「雷達罩」（radardome，radome）裡面裝配了氣象雷達，可以利用這個雷達偵測到雷雨雲而避開飛行。只是，在起降時穿過雲層，或是萬不得已一定得在雷雨雲附近飛行時，就有可能遭受雷擊。

不過，放心啦！即使被雷打中，電流也會通過飛機的機身表面[編註]，從機翼尖端等處釋放到空氣中。機內的乘客並不會觸電。

此外，在飛行中，由於和空氣及雲摩擦，機體會積存靜電。如果放任不管，會損壞儀表等裝置，所以會使用「靜電放電器」（electrostatic discharger）把靜電釋放到空氣中。

編註：飛機的外殼中有一層金屬網包裹住整個機體，將雷電的電流導向機翼尖端等處的「靜電放電器」釋放到空氣中。

想知道更多
鳥被吸入發動機的「鳥擊」也很麻煩，可能造成發動機故障。

雷達罩裡面的氣象電達

將飛機機首的蓋子打開，可以看到裡面裝配著氣象雷達。
（相片提供：aapsky©123RF.COM）

靜電放電器（放電索）

安裝在主翼的後緣或翼尖小翼（→第20頁）上的靜電放電器。

07 飛機的油箱裝在機翼裡面

　　要使飛機飛行，需要許多燃料。例如，空中巴士A380（→第88頁）的油箱可以容納大約32萬4500公升（約255公噸）的燃料。什麼地方具有這麼大的空間呢？

　　想不到，飛機的油箱竟然是裝設在機翼裡面。在飛機的機翼裡面，有縱橫交織組裝而成的骨架。其中一部分做成密閉的結構，當成油箱使用。

　　飛機在飛行時，機翼會承受向上的「升力」（→第52頁）。機翼裝載燃料而變重，因此產生向下的「重力」，可以避免機翼因受向上的「升力」而從根部折斷。

　　此外，在機翼和機身連結的部位也有油箱。在飛行中，燃料會逐漸減少，機體中央也裝載燃料可以使機體的重心保持穩定。

想知道更多
「通氣油箱」的「通氣」的英文是 vent，意思是「通氣口」。

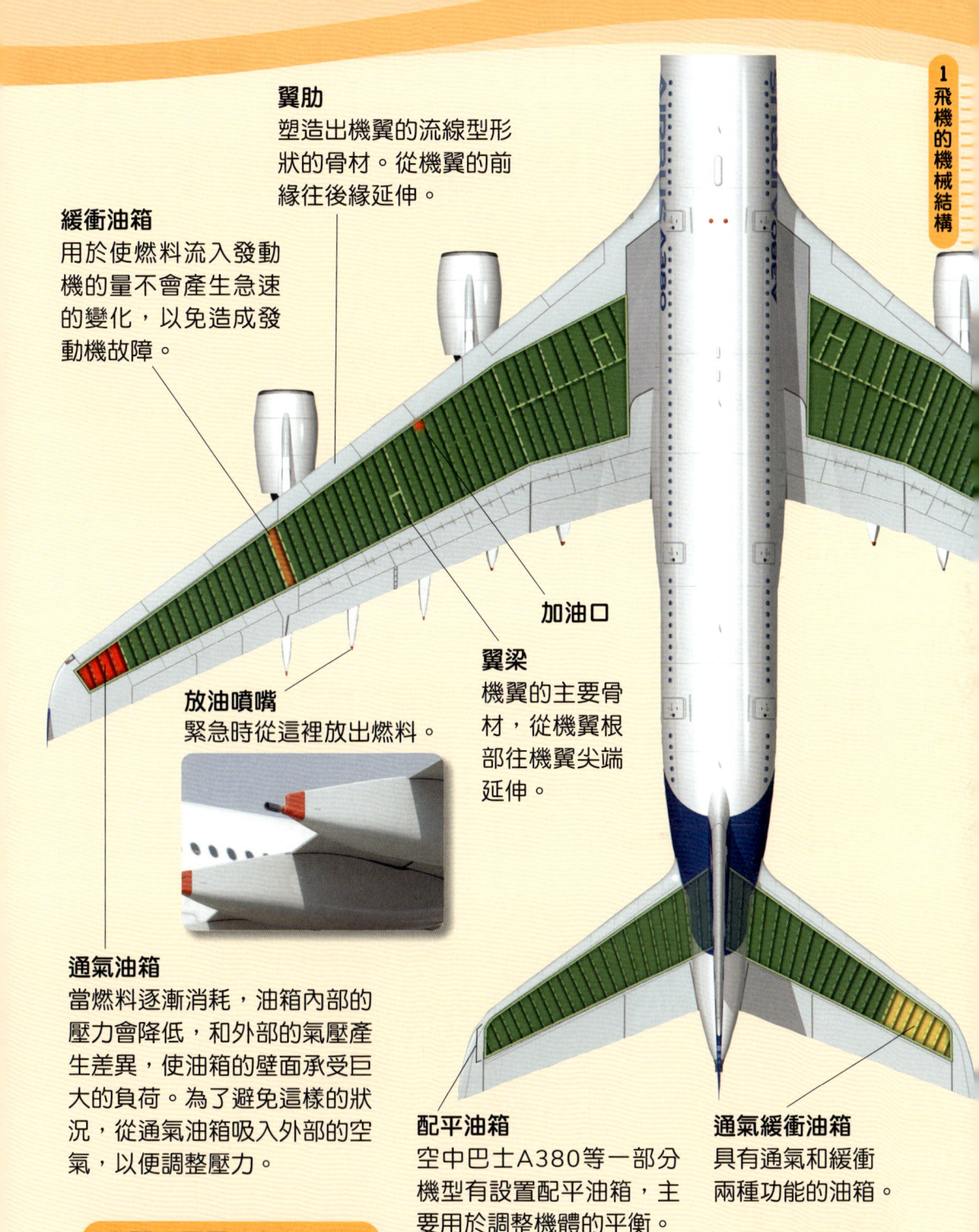

翼肋
塑造出機翼的流線型形狀的骨材。從機翼的前緣往後緣延伸。

緩衝油箱
用於使燃料流入發動機的量不會產生急速的變化，以免造成發動機故障。

加油口

翼梁
機翼的主要骨材，從機翼根部往機翼尖端延伸。

放油噴嘴
緊急時從這裡放出燃料。

通氣油箱
當燃料逐漸消耗，油箱內部的壓力會降低，和外部的氣壓產生差異，使油箱的壁面承受巨大的負荷。為了避免這樣的狀況，從通氣油箱吸入外部的空氣，以便調整壓力。

配平油箱
空中巴士A380等一部分機型有設置配平油箱，主要用於調整機體的平衡。

通氣緩衝油箱
具有通氣和緩衝兩種功能的油箱。

主翼・尾翼內部的油箱

插圖中畫出了空中巴士A380的油箱（黃綠色虛線部分）。機翼內的油箱分成許多個小隔間。燃料透過泵浦供應給發動機和輔助動力裝置APU（→第24頁）。

08 能夠緩和起降時衝擊的機械結構

　　飛機是非常重的交通工具，重達數百公噸。飛機在起飛時的速度為時速300公里、降落時的速度為時速250公里左右。當然，這會對飛機的輪胎造成非常巨大的衝擊。_{編註}

　　用來吸收這種巨大衝擊的裝置是「起落架」（landing gear）。起落架總共有三種：裝配在機首的「前起落架」（nose gear，鼻輪）、裝配在機身的「中央起落架」（body gear）、裝配在機翼下方的「主起落架」（wing gear，翼輪）。起落架由吸收衝擊的緩衝裝置和機輪組成。緩衝裝置裡面注入了油和氣體，發揮彈簧的功能來吸收衝擊。

　　飛機的輪胎即使磨損了，也不會像汽車輪胎一樣整個換掉，而是只更換表面的「胎皮」。因為減少了廢棄的輪胎，所以非常環保。

編註：以波音747-8F貨機為例，起飛或降落時機身重量加上運載的貨物和燃油，總重可達450噸，全靠16個主輪及兩個前輪支撐機身，每個主輪胎（直徑約150公分，重約200公斤）承受重量約28噸，比一輛市區巴士還要重。

想知道更多

飛機的輪胎裡面灌滿了不管在什麼樣的環境都不容易產生壓力變化的氮氣。

飛機的機輪（輻射層輪胎）

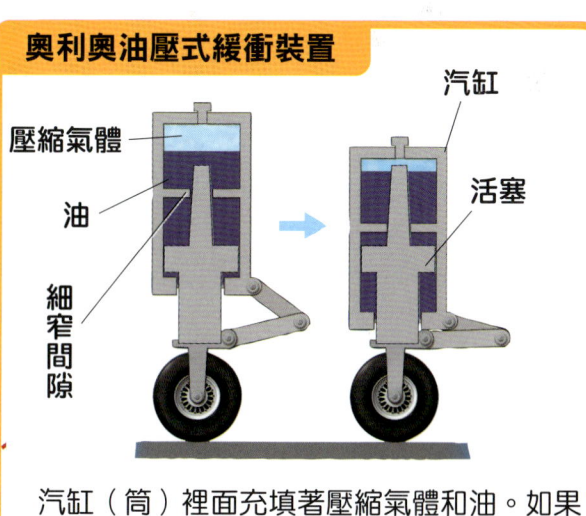

胎體簾布層
埋在輪胎內部的骨架。

鋼絲環帶層
用於增加強度的構造。

胎皮
輪胎表面的皮。

多盤碟式煞車
由和機輪一起轉動的「動片」及固定不旋轉的「定片」交錯併排，利用油壓推壓這些構件，使機輪停止轉動。

奧利奧油壓式緩衝裝置

汽缸
壓縮氣體
油
活塞
細窄間隙

汽缸（筒）裡面充填著壓縮氣體和油。如果施加衝擊，會把活塞往上推，使油透過細窄間隙逐漸流掉，藉此吸收衝擊。

完美的落地！

1 飛機的機械結構

39

09 找找看使**客艙更加舒適**的祕訣吧！

飛機的乘客乘坐的空間稱為「客艙」（cabin）。裡面充滿了讓乘客更加舒適的祕訣。

首先，請看看座位的上方吧！這裡有放置隨身行李的「艙頂置物櫃」（overhead bin）。有些機型還會在上面加裝小鏡子，方便乘客看到櫃子內部的深處。

艙頂置物櫃

鏡子

有時也稱為上方行李廂，通常規定隨身登機行李的長寬高總和不得超過115公分，重量少於7公斤。

1 飛機的機械結構

還有，因為飛機關上艙門起飛後好像無法開窗換氣，所以經過長時間之後，內部的空氣會不會變得汙濁呢？不會！沒有這回事。事實上，會有大量的新鮮空氣從發動機送進機內。然後，從安裝在機體下部的排氣閥門送出機外。利用這樣的設計，機艙內的空氣只需2～3分鐘就能全部更新。

除此之外，還有個人小電燈及窗戶的遮光板等等，客艙中充滿了各種貼心的舒適祕訣。在搭乘飛機時，要仔細地到處找找看哦！

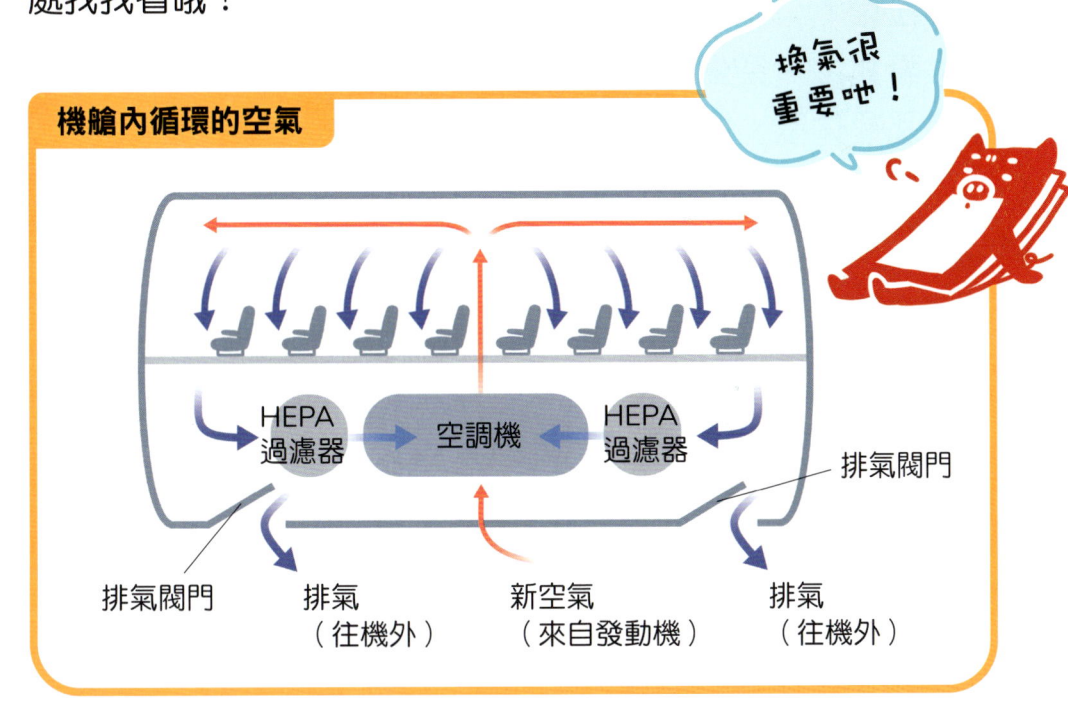

> 換氣很重要吧！

機艙內循環的空氣

- HEPA 過濾器
- 空調機
- HEPA 過濾器
- 排氣閥門
- 排氣閥門
- 排氣（往機外）
- 新空氣（來自發動機）
- 排氣（往機外）

從發動機送進來的空氣先進入空調機，然後通過天花板內部的導管送到客艙內。一部分空氣利用擁有非常細小網眼的「HEPA高效率空氣微粒子過濾器」加以淨化之後，再度回到空調機，其餘空氣則從排氣閥門排出機體外面。

繪圖參考：JAL網站

想知道更多

波音 B787（→第 76 頁）裝配有電子遮光板，可以利用按鈕調整窗戶透光度。

41

10 飛行中，客艙服務員在哪裡休息？

　　客艙服務員（cabin attendant，又稱為空服員）是在飛行中為乘客遞送食物和飲料，或在乘客有需要時給予協助的人。那麼，當沒有在為乘客提供服務的時候，空服員們都待在哪裡呢？

　　事實上，空服員有專用的座位，如果是短時間的話，就在那裡休息。如果是長時間飛行的國際航線，則會在稱為

機組員休息室

安全帶

相片所示為波音B777（→第78頁）的機組員休息室。在這個只有機組員能夠進入的狹小空間裡，併排著睡覺用的床鋪。當身體平躺時，必須繫上安全帶。

「機組員休息室」（crew rest）或「機組員鋪位」（crew bunk）等等的專用房間，躺在床上小睡一會兒。這個房間設置在客艙的天花板內部或機腹的下層艙等地方。

　　有時候，也會待在飛機上的特殊「廚房」裡。雖然稱為廚房，但沒有爐子及自來水管，只配備了把預先調理的機上食物加熱的蒸氣烤箱、把飲料冷卻的氣冷式冰水機、把喝剩的飲料等物倒掉的小水槽。

客機上的廚房（例）

- 氣冷式冰水機：能送入冷卻的空氣，把飲料冷卻的裝置
- 咖啡機
- 櫃子裡存放輕食及備品。
- 放置料理的「餐食推車」及放置酒或軟性飲料的「飲料推車」等物品存放在門扇裡面。
- 汲取飲用水或倒掉用過的廢水的小水槽。
- 蒸氣烤箱：可以利用高溫水蒸氣把料理加熱。

想知道更多
有些設置高級客艙的航線，廚房裡可能會配備電鍋用來煮白米飯。

1 飛機的機械結構

11 裝載貨物時要注意平衡

　　大型飛機設置有裝載貨物及行李的貨艙。飛機裝載的貨物放在「ULD」（unit load device，航空貨運盤櫃）上。ULD有兩種，一種是稱為「貨櫃」的金屬製箱子，另一種是堆放沒有放入貨櫃的物品的板狀平臺，稱為「棧板」。

B747-400BDSF（Aerotranscargo，泛航貨運航空）

貨艙的配置（以波音B787-8為例）

前段貨艙　　後段貨艙　　散裝貨艙

想知道更多
有些貨物專用機和客貨混載機也會在主層艙裝載貨物。

貨櫃並不是四四方方的箱子，因為飛機的機身是圓筒狀，貨艙的壁面也是圓弧形，如果放入四方形的箱子會留下許多空隙。因此，貨櫃有一面是梯形。

在把貨物裝入貨艙時，要做各種計算。如果不小心，只在機體的一側裝載了很重的貨物，那麼在飛行途中飛機會傾向一側。計算貨物的重量，思考飛機的什麼位置要裝什麼貨物的人，稱為「裝載監控員」（load controller）。這是安全飛行不可或缺的工作。

正要裝載的2個貨櫃。做成好像是把四方形箱子切掉一角的梯形。

貨艙裡併排的棧板上，放置著裝載家畜的木箱。

下課時間

利用空氣的力量沖水的機上廁所的馬桶

家裡及學校的馬桶會流出強勁的水流，把糞便和尿液沖走。但是，飛機上沒有存放這麼多的水，所以不能用這個方法。

代替的方法是利用空氣的力量。飛機的汙物桶（waste tank）裡面的氣壓比較低，所以只要打開閥門，氣壓比較高的機內空氣就會連同汙水一起被吸入桶內。因此，只需少量的水就可以沖馬桶。

飛機上的馬桶
波音B787（→第76頁）的馬桶。
＊相片提供：Jamco

機上馬桶的機械結構（真空式）
馬桶和廚房流出的汙水排放到汙物桶內存放。桶子有連通飛機外面的閥門，氣壓比較低。

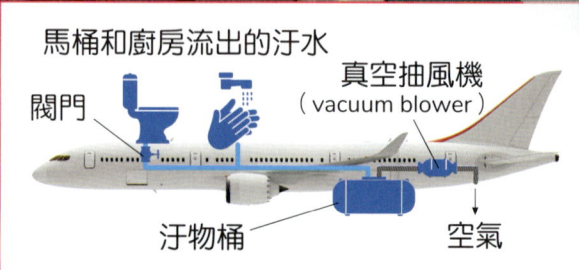

馬桶和廚房流出的汙水
閥門
真空抽風機（vacuum blower）
汙物桶
空氣

第 2 節課

飛機是如何飛起來的呢？

如果靠得很近看飛機，會覺得飛機真是大得不得了吧！這麼巨大的交通工具，竟然能在空中飛行，實在不可思議啊！在這裡，要來談談，飛機飛行的機械結構，以及為了安全地飛行所下的功夫。

真神奇啊！

01 排列著許多**液晶顯示器**和**開關**的**駕駛艙**

在這裡,讓我們以機師的身分,進入駕駛艙來看看吧!和汽車的駕駛座不一樣,裡頭排列著許多液晶顯示器和各種開關吧!

顯示器顯示出飛行路徑、機體的姿勢、發動機的狀態等

波音B787的駕駛艙

駕駛桿
(駕駛盤)

機長座　　　　　　　　　　　　　　　副駕駛座

▶ 想知道**更多**

駕駛艙的英文「cockpit」原本是「鬥雞場」編註的意思。

48

等。像這樣排列著許多顯示器的駕駛艙稱為「玻璃駕駛艙」（glass cockpit）。以前的駕駛艙安裝著許多指針轉動的儀表及燈具，從這些裝置讀取飛行所需的資訊。現在把這些裝置改換成顯示器，可以更容易讀取。

把座位正前方的「駕駛桿」（駕駛盤）往前推或往後拉可以使機首上仰或下降，左右轉動則可以控制機體的傾斜。踩下腳底的「方向舵踏板」可以使機首朝左或朝右。

顯示器的功用
①通訊器的頻率、日期時間、機體的姿勢及速度、高度、小地圖等等
②飛行航線、風向、風速、發動機等裝置的相關資訊
③飛行管理系統（→第50頁）的操作等等
④用於①和②故障時的備援系統。
⑤電子化的飛航手冊、了解飛行路徑的地圖、機場的資訊等等

A.抬頭顯示器（head up display）
機師能夠看著前方同時讀取飛行所需資訊的透明顯示器。

B.前頂部面板（forward overhead panel）
設置有發動機啟動開關、操作油壓、燃料、電力等系統的面板。

C.防眩光面板（glareshield panel）
排列著與自動駕駛、顯示器的顯示有關的開關。

D.舵柄（tiller）
將它往前推或往後拉，可以使安裝於前起落架（→第38頁）的機輪朝右轉或朝左轉。

E.推力桿（thrust lever）
用於調整發動機的出力。

F.襟翼設置桿（flap lever）
用於調整主翼的襟翼（→第54頁）。

G.方向舵踏板（rudder pedal）
用於驅動方向舵（→第56頁）。踩下左邊的踏板，機首會朝左；踩下右邊的踏板，機首會朝右。

H.後過道臺面板（aft aisle stand panel）
配備與飛航管制塔臺（→第66頁）等處交換訊息的無線電裝置、與客艙服務員等人交換訊息的對講機等等。

編註：英國查理二世國王的內閣辦公室建在一個名為 The Cockpit 的劇院舊址上，因此有人以「Cockpit」一詞象徵「控制中心」。

02 飛機是由電腦在駕駛的嗎？

為了更安全地飛行，現代的飛機已經可以利用電腦的「飛行管理系統」（FMS，flight management system）進

空中巴士A380的駕駛艙

前頂部面板

方向舵踏板

襟翼設置桿

機長座

副駕駛座

相片提供：AIRBUS

50

行自動駕駛了。例如，保持一定的飛行高度、自動在設定的路徑上飛行等等。當然，發生緊急狀態時，通常會由機師直接駕駛。

左邊的相片是空中巴士A380（→第88頁）的駕駛艙。對照前面的波音B787（→第76頁）的駕駛艙，仔細觀察，你會發現座位的正前方沒有駕駛桿吧！

事實上，空中巴士A380是使用駕駛座位旁邊的「側桿」（side stick）進行操控。由於可以單手操作，比用雙手握住駕駛桿輕鬆。能夠利用這樣小小的裝置進行操控，是因為可透過電腦的訊號驅動飛機的各個部位。這樣的機械結構稱為「線傳飛控」（FBW，fly-by-wire）。

顯示器的功用
①機體的姿勢、速度、高度等等的相關資訊
②飛行航線、風向、風速等等的相關資訊
③與發動機有關的資訊及警報
④無線電裝置的資訊、速度資訊、機場等等的相關資訊
⑤油壓、電力、空調、門扇的開閉等等的相關資訊
⑥飛行航線圖、與維修有關的資訊

A.側桿
操控升降舵及副翼（→第56頁），使機首朝上下俯仰，或使機體朝左右傾斜。

B.摺疊式鍵盤
進行各種系統的操控。由於沒有駕駛桿，所以能裝設在這個位置。

C.發動機主開關（engine master switch）
用於啟動發動機的開關。

D.減速桿（speed brake lever）
用於控制擾流板（→第62頁）。

想知道更多
在空中巴士A380的駕駛座後方，還設有2個輪班人員的座位。

03 把**機體抬向空中**的「**升力**」

飛機為什麼能飛上天空呢?

從正側面觀察飛機的機翼,上面比下面鼓起,後方突然變得細窄,這種形狀稱為「翼型」。這種形狀的機翼在飛行時,上方的空氣流動得比下方的空氣快。這麼一來,機翼下方的空氣壓力就會大於上方的空氣壓力,於是產生了把機翼往上抬起的力,這種力稱為「升力」,飛機便是利用這種升力在飛行。

究竟是怎麼浮起來的呢?

想知道更多

F1 賽車是利用空氣的流動把車體壓向地面而奔馳。和飛機相反。編註 2

起飛之後，一邊利用發動機獲得前進的力（推力），一邊讓機翼持續頂著風（空氣）而向前飛行。機翼頂著風的角度越大，便能夠獲得越大的升力。但是，如果角度太大，也會有墜落的危險。編註1

機翼越大，越能獲得更大的升力。不過，如果機翼太大，反而會因為太重而飛不起來。

升力產生的機械結構

①機翼上方的空氣流動較快（壓力較小），下方的空氣流動較慢（壓力較大）。因此，產生了由下往上將機翼抬起來的升力。

機翼上方（空氣的流動較快）

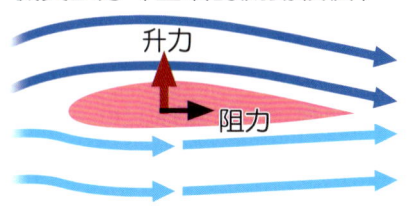

升力

阻力

機翼下方（空氣的流動較慢）

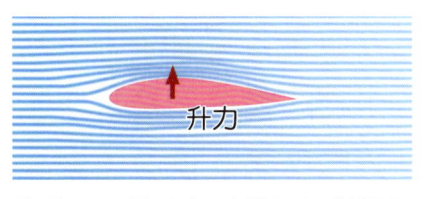

②機翼即使攻角（機翼相對於風向的傾斜度，又稱為迎角）為0度也會產生升力。

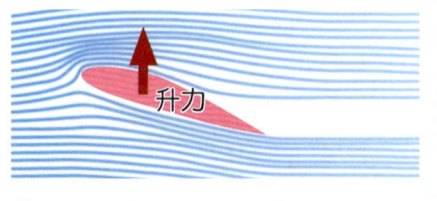

升力

③隨著攻角加大，升力也加大。

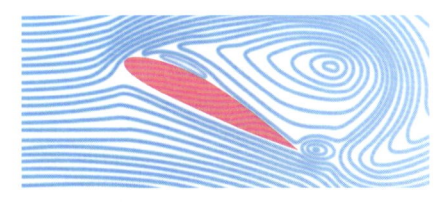

④如果攻角太大，將會產生亂流，變成無法獲得升力。這麼一來，飛機就會失速，也會有墜落的危險。

編註 1：正常飛行情況下，空氣會貼著機翼向後流動，但是當機翼與風向間的夾角到達某一角度時，空氣就會無法貼著機翼而產生分離，機翼上原本穩定的層流就會轉變成亂流，造成機翼失去升力而失速。

編註 2：賽車的前翼與尾翼越寬、攻角越大，氣流下壓的力越大，可增加輪胎的抓地力，使轉彎的速度增快。

04 幫助起飛的「縫翼」、「襟翼」、「升降舵」

飛機的主翼有稱為「縫翼」（slat）和「襟翼」（flap）的構件，水平尾翼則有稱為「升降舵」（elevator）的構件。這些構件在飛機起飛時發揮了非常大的作用。

機翼的面積越大，越能獲得更多飛行所需的升力（→第52頁）。伸出縫翼和襟翼可以加大主翼的面積，產生更大的升力，使起飛更容易。^{編註}

升降舵的功用在於起飛離開地面的瞬間。在跑道上奔馳的飛機，當達到飛行所需的足夠速度時，把升降舵往上升起。這麼一來，便產生把機尾往下壓的力，相反地，機首便會往上抬起。這個時候，再加上升力，飛機就會朝天空飛上去了。

飛機起飛後，爬升到某個高度時，就會把縫翼和襟翼收回去。

編註：縫翼的另一主要功能在於提高飛機的臨界攻角，讓飛機起飛時不至於機頭拉得過高而造成突然失速，也能有效降低飛機的進場速度，讓飛機的降落更加安全。

想知道更多

棒球投手投出的上飄變化球順時針往上旋轉，球體上方空氣流速較快，壓力較小，因此接近打擊區時會往上飄升。

飛機（客機）的起飛

縫翼

主翼產生的升力

主翼產生的升力

1.（↓）
在襟翼下垂的狀態下，使用發動機加速。

襟翼

升降舵

水平尾翼產生的負升力

2.（←）
達到一定的速度時，機師把升降舵往上升起，增大對水平尾翼（機尾）施加的負升力，這麼一來，機首就會往上抬起，使前起落架離開地面。

3.（↑）
由於機首朝上，使得機翼迎風（空氣）的角度增大，藉此產生更大的升力，使飛機浮起來。當爬升到一定的高度，為了減少飛機向前飛行的阻力，會將縫翼與襟翼收回來。

起飛時機翼產生的升力

主翼產生的升力

機體後部往下沉

機首往上抬

水平尾翼產生的負升力

將升降舵往上升，機體後段便會往下沉哦！

55

05 飛機因為有「飛行操縱面」才能在空中改變姿勢

　　要駕駛飛機，必須操縱3個方向的舵，以便控制機體的傾斜「滾轉」（rolling）、左右「偏航」（yawing）、上下「俯仰」（pitching）。發揮這些功能的構件，就是「動翼」。動翼有3種，分別是「副翼」（aileron）、「方向舵」、「升降舵」（→第54頁）。

偏航
以機體的上下為軸時的「往左或往右旋轉的動作」。

俯仰
以機體的左右為軸時的「往上或往下旋轉的動作」。

滾轉
以機體的前後為軸時的「往左或往右旋轉的動作」。

B

A380

C

A

100kg

善用「槓桿原理」，大家都是大力士哦！

副翼用於控制機體的傾斜。

方向舵用於使機首向左或向右移動。

升降舵用於使機首朝上或朝下移動。

操縱這3種構件,可以保持飛機的姿勢,或改變行進的方向。從整架飛機來看,這些只是小小的構件,為什麼能夠產生如此巨大的力量呢?

這是因為,動翼安裝在距離機體的中央(重心)很遠的位置,所以即使小小的力量,也能依照槓桿的原理,產生巨大的作用。

A.副翼
將右翼的副翼朝上,則施加於右翼的往上升力會減小。

將左翼的副翼朝下,則左翼往上的升力會增大。

機體好像左側浮起來似地傾斜。

B.方向舵
把方向舵朝右,則從機體右側往左側的力矩^{編註}會增大。

機體後部會朝左側移動,使機首朝右。

C.升降舵
把方向舵朝上,則施加於水平尾翼往下的負升力會增大。

機體後部朝下移動,使機首朝上。

編註:「力矩」為作用力促使物體繞著軸或支點轉動的趨向。

想知道更多

西元前3世紀,古希臘科學家阿基米德用幾何方法推導出槓桿原理,宣稱:「給我一個支點,我就可以撬動整個地球。」

2 飛機是如何飛起來的呢?

06 雖然小但能發揮大作用的「尾翼」

談到飛機的「機翼」，應該有不少人第一個馬上想到巨大的主翼吧！相對之下，比較沒有那麼顯眼的，就是安裝在機尾的「垂直尾翼」和「水平尾翼」。但是，這些構件也是飛機在飛行時不可或缺的「機翼」。

例如，飛行中的飛機突然遭受到一陣從右側吹來的強風，使得機首朝向左側偏移了。這個時候，要藉著改變垂直尾翼接受風（空氣）吹襲的角度，使垂直尾翼產生從右側朝左側的力矩。結果，機尾會朝左移動，機首則相反地朝右移動，於是回復原來的姿勢。

水平尾翼也是一樣。即使機體突然遭受往上或往下吹來的強風，只要使水平尾翼產生升力或負升力，機體就會回復原來的姿勢。

這樣的機械結構如同風向雞（風標）永遠朝著風吹來的方向一樣，所以稱為「風向穩定性」（weather-cock stability）。

「風向雞」是歐洲住家屋頂裝設的雞形風向儀。

想知道更多
箭的尾巴加裝羽毛，也是為了獲得風向穩定性而使箭能筆直飛行。

2 飛機是如何飛起來的呢？

各種形狀的尾翼

雙尾翼（An-225，ANTONOV Airlines，安托諾夫航空）
在水平尾翼的兩端安裝兩個垂直尾翼。An-225是用於把太空船裝載在上方運送的飛機，所以做成這種形狀。

T字形尾翼（麥道MD-80，Delta Air Lines，達美航空）
在垂直尾翼的上部裝設水平尾翼。後引擎噴射機（→第29頁）的發動機裝設在機體後部，所以改變水平尾翼的位置。

十字形尾翼（卡拉維爾SE-210 Caravelle，SATFlug）
在垂直尾翼的中央附近裝設水平尾翼。用於因為垂直尾翼的尺寸或強度等問題而無法裝設T字形尾翼的場合。

一般型（空中巴士A330，KLM，荷蘭皇家航空）
現代大型客機最普遍的垂直尾翼及水平尾翼的形狀。

風向穩定性

2. 從機體右側往左側的力矩
3. 機首的旋轉
1. 空氣的流動

59

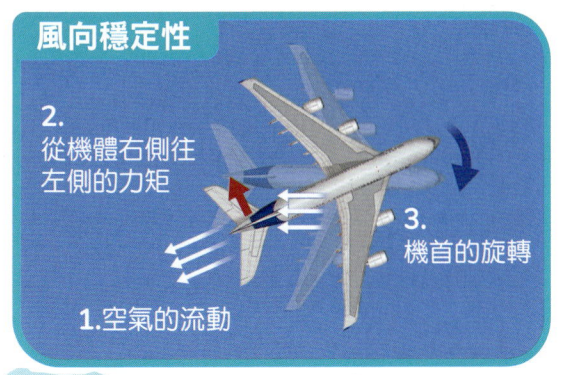

07 降落時從地面利用電波引導

在降落時，通常會利用飛行管理系統（→第50頁）自動執行。不過，有些時候也會因為自動駕駛的條件不夠完備等因素，而採用手動方式降落。在這個狀況下，就要依賴機場設置的「儀器降落系統」（ILS，instrument landing system）所發出的電波訊號。

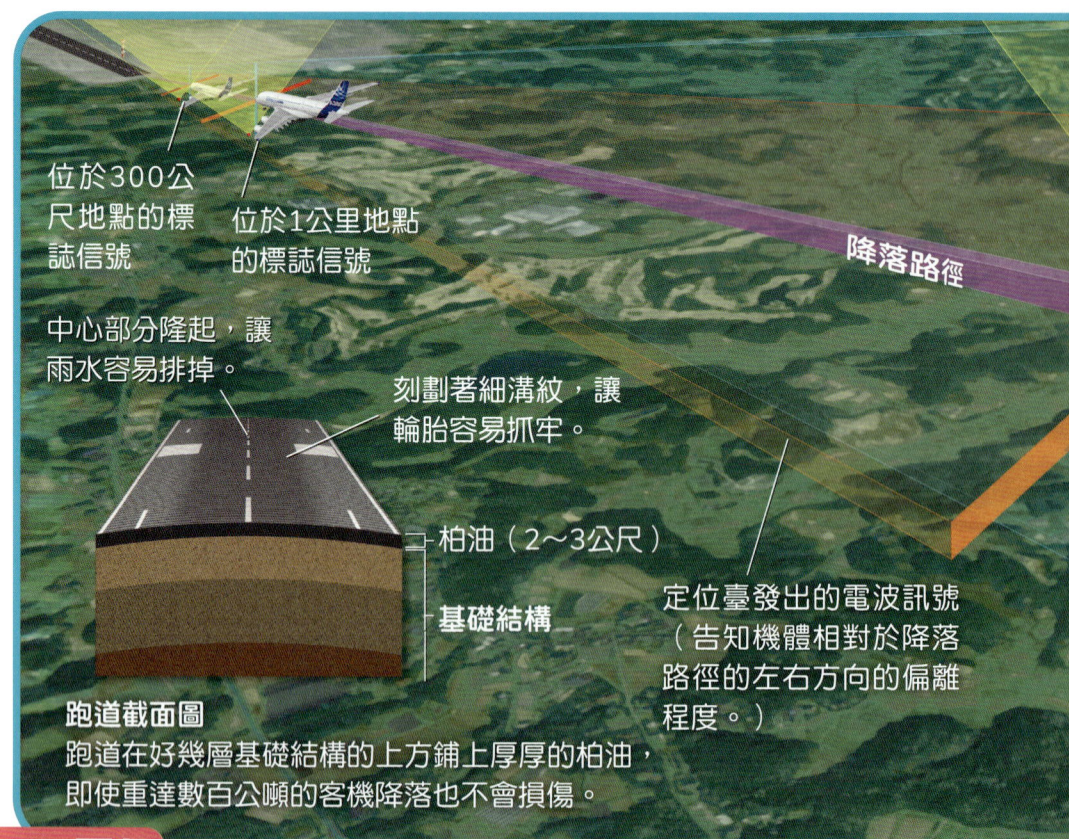

位於300公尺地點的標誌信號

位於1公里地點的標誌信號

降落路徑

中心部分隆起，讓雨水容易排掉。

刻劃著細溝紋，讓輪胎容易抓牢。

柏油（2～3公尺）

基礎結構

定位臺發出的電波訊號（告知機體相對於降落路徑的左右方向的偏離程度。）

跑道截面圖
跑道在好幾層基礎結構的上方鋪上厚厚的柏油，即使重達數百公噸的客機降落也不會損傷。

想知道更多
飛機起降時，如果跑道上有飛鳥，會以發出巨大聲音等方式驅趕。

ILS由提供航機水平引導訊號的「定位臺」（localizer）、提供航機垂直引導訊號的「滑降臺」（glide path）、「標誌信號」（marker beacon）3個部分組成。

定位臺從跑道中心線朝稍微左側及稍微右側發出不同頻率的電波訊號。藉由比較這兩個電波訊號的收訊強度，可以得知機體相對於跑道中心往左或右偏離了多大程度。

滑降臺朝降落路徑的稍微上側及稍微下側發出電波訊號，指示機體的上下方向的偏離程度。

標誌信號發出電波訊號，告知機體與降落地點的距離。

標誌信號發出的電波訊號（告知機體與降落地點的距離。）

滑降臺發出的電波訊號（告知機體相對於降落路徑的上下方向的偏離程度。）

位於距離跑道盡頭7公里地點的標誌信號

客機利用ILS降落的示意圖

08 煞車時發動機仍然全部開啟著！？

　　飛機在開始準備降落的時候，會減少發動機的出力，逐漸降低高度。這個時候，機體下降的角度只有3度左右。然後，一點一點地放下襟翼（→第54頁），慢慢地減速。

　　下次搭飛機時，在降落的時候請注意聽。應該會聽到發動機的聲音突然變大了。為什麼會這樣呢？降落時，不是應該關掉發動機以便減速嗎？

　　那是因為發動機正在做「逆噴射」[編註]的緣故，機長開啟了安裝在渦輪風扇發動機（→第26頁）側面的「整流罩」（cowl），讓吸進來的空氣流掉一部分。這麼一來，就會產生阻礙機體前進的力（阻力）。

　　在此同時，利用安裝在主翼的「擾流板」（spoiler）增大空氣阻力，並且利用安裝在機輪的煞車使機體減速。

編註：「逆噴射」並非「逆向噴射」，實際上是利用打開整流罩的「推力反向器」（thrust reversal）將發動機原本全部向後噴射的氣流部分轉向前方。

雖然是說「逆噴射」，但並不是把空氣朝「逆向」噴出哦！

想知道更多

渦輪螺旋槳飛機是改變螺旋槳的角度，把空氣往前送出，藉此減速。

2 飛機是如何飛起來的呢？

飛機（客機）的降落

1 即將降落的飛機。

2 機體一接觸地面，立刻把擾流板（→第62頁）豎起來。

3 利用發動機做逆噴射。

打開整流罩，讓宛如包覆著發動機流動的空氣通過閥門朝斜前方猛烈噴出，藉此產生阻礙飛機前進的力。在做逆噴射的時候，通過發動機中心的空氣仍然朝後方排出。

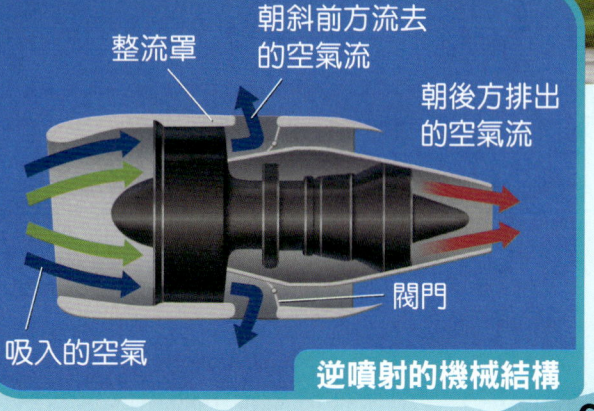

逆噴射的機械結構

- 整流罩
- 朝斜前方流去的空氣流
- 朝後方排出的空氣流
- 閥門
- 吸入的空氣

63

09 因為有「航空地面燈」所以在黑暗中也能降落

利用燈具發光以便協助飛機等航空器飛行的設備稱為「航空地面燈」（aeronautical ground light）。航空地面燈大致分為2類。

第一類是裝設在機場，用於照亮跑道及滑行道、停機坪等處的「導航燈」（navigation light）編註，讓起降的飛機知

設置於機場或飛行場的主要航空地面燈

精確進場燈光系統/PALS
（白‧可變與閃光，紅‧固定）指示前往跑道的最後進場路線。

順序閃光燈/SFL
（白‧閃光）使機師容易看到最後進場路線。

跑道距離燈與精確進場指示燈

滑行道邊燈/TEDL（藍）

滑行道中心線引導燈/TCLL（綠） ＊跑道附近為綠與黃。

越區邊燈

跑道末端燈（綠）

航廈

停機坪

滑行道

跑道

精確進場指示燈/PAPI（白與紅）
把飛機的進場角度告知機師。排列著4個會依據觀看的高度從白（高）轉變為紅（低）的燈，當看到「白白紅紅」時，就表示進場角度正確。

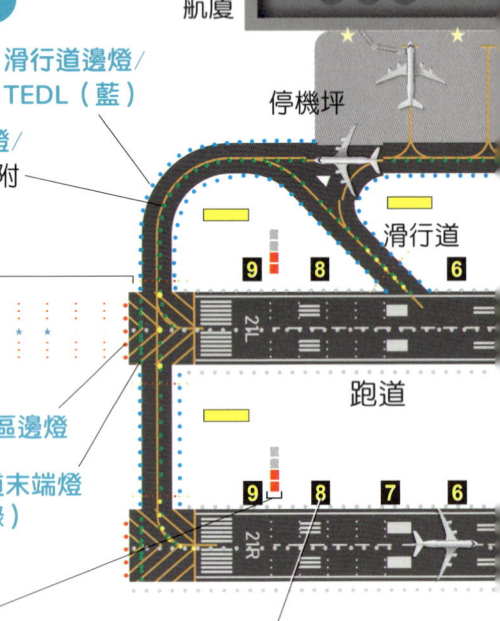

跑道距離燈/RDML（白）
以數字顯示到達跑道終點的距離。

想知道更多

機場的航空地面燈會依據晝夜及天氣而改變燈光的強度。

道跑道的形狀等等。跑道中心發「白光」、與跑道連接的滑行道的中心發「綠光」、兩端發「藍光」。飛機必須停止的位置發「紅光」。降落跑道入口旁的4個「精確進場路線指示燈」（PAPI，precision approach path indicator）是告知飛機進入跑道的角度，當角度正確時，會看到「白白紅紅」的燈光。

另一類航空地面燈是「航空障礙燈」。設置於高度在地表或海拔60公尺以上的建築物等處，不只機場或飛行場，就連市區也能發現這種燈光。

編註：飛機機身上的照明裝置稱為「航行燈」（running light），主要包括：防撞燈（機身頂部和底部、後翼尖及尾椎各一個強頻閃光燈）、舷燈（左右機翼翼尖各一個紅燈與綠燈）、滑行與落地（前起落架上與機翼翼根的白色燈光，用於起飛與著陸時照亮跑道）。

停機坪照明燈
（未被歸類於航行燈）

跑道末端燈/RENL（紅）

越區邊燈/ORL（紅）
指示滑行道的終點
（之後為最後進場區域）

航空障礙燈

進場燈臺/ALB
（白・閃光）
指示最後進場區域內的場所（入口）。

跑道警戒燈/RGL（黃・閃滅）
指示在進入跑道前應該暫時停止的位置。紅燈為「停止線燈/STBL」。

滑行指示燈

跑道
＊省略精確進場燈光系統、順序閃光燈、進場燈臺。

機場標燈/ABN
（白與綠・閃光）
指示機場或飛行場的位置。

跑道中心線燈/RCLL
（白，可變；紅，固定）
基本上為白色，隨著接近跑道盡頭，會變成白紅光連續互換、僅紅光。

跑道邊燈/REDL
（白・可變，黃・固定）
以60公尺的間隔設置的白燈，指示跑道的邊緣。終點附近為黃燈。

10 負責管理空中交通的塔臺「飛航管制」

現在這個瞬間，全世界有大約1萬架以上的飛機在天空飛行。無論天空有多麼廣闊，如果讓各飛機在天空任意地飛來飛去，那真是一件非常危險的事吧！因此，需要進行「飛航管制」（ATC，air traffic control，航空交通管制）來管理空中的交通。所有的飛機都要依循飛航管制員的指示飛行。

不同機場的精確範圍並不相同，不過，通常從機場往外半徑約9公里、高度約900公尺的「管制圈」會進行「機場管制」，從這裡再往外的半徑約100公里的「近場管制區」會進行「雷達管制」，以便管制飛機的飛行。這兩個部分都是由機場的「塔臺」裡的飛航管制員負責。

飛機飛出近場管制區之後，接下來進行「航線管制（區域管制）」以便掌控飛機的行蹤。這個部分由「區域管制中心」（ACC，Area Control Center）及「航空交通管理中心」（ATMC，Air Traffic Management Center）負責。

管制塔臺

想知道更多
無線電機場大多沒有設置塔臺，所以也稱為「無塔臺機場」（nontower airport）。

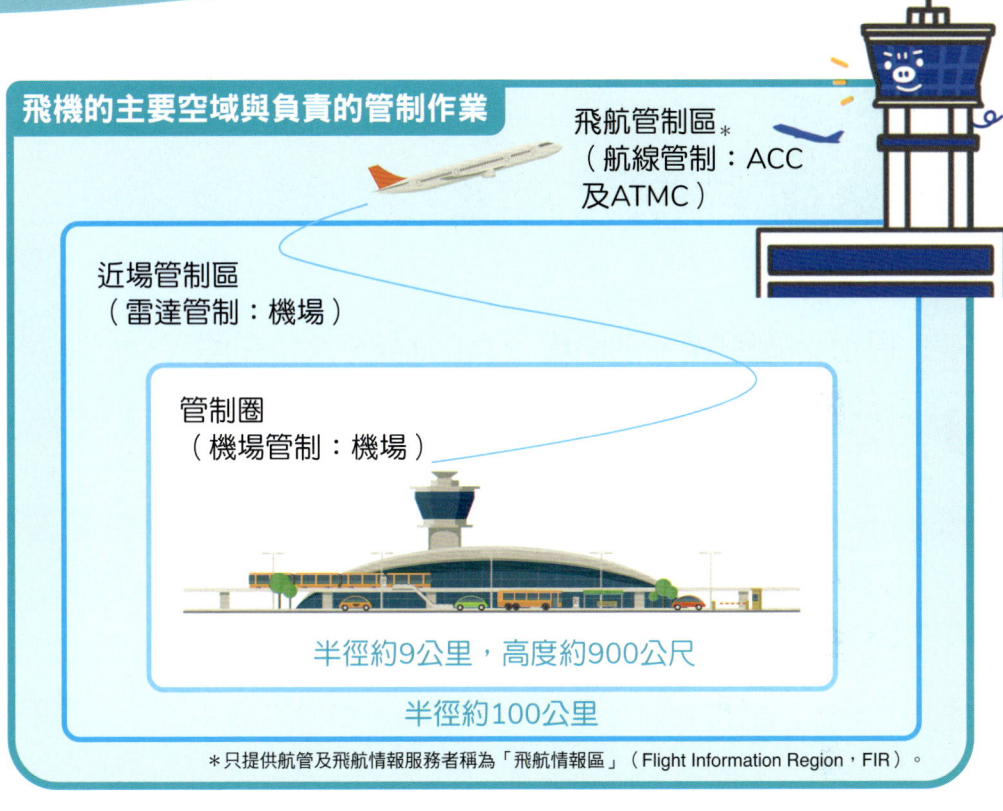

飛機的主要空域與負責的管制作業

- 飛航管制區＊（航線管制：ACC 及 ATMC）
- 近場管制區（雷達管制：機場）
- 管制圈（機場管制：機場）
  - 半徑約9公里，高度約900公尺
- 半徑約100公里

＊只提供航管及飛航情報服務者稱為「飛航情報區」（Flight Information Region，FIR）。

飛航管制員在裝設360度玻璃窗的管制塔臺管制室（VFR室）中進行「機場管制」。有配置飛航管制員執行管制作業的機場稱為「塔臺機場」（tower airport）。相對地，沒有配置飛航管制員的機場，以及只有飛航（通信）情報員（負責傳達周邊天空的氣象及交通資訊）的機場稱為「無線電機場」（radio airport）。

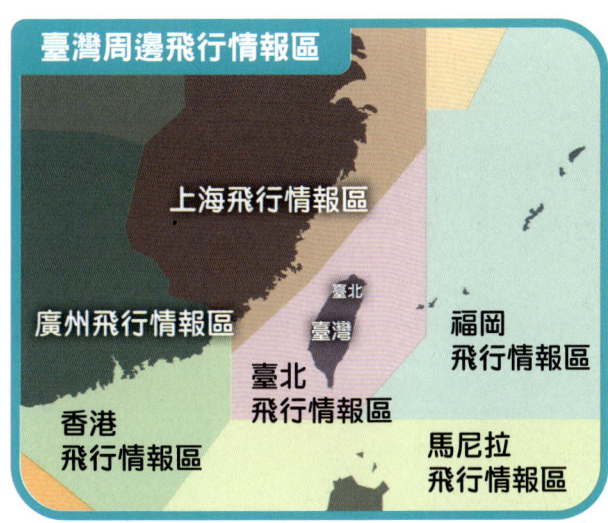

臺灣周邊飛行情報區

- 上海飛行情報區
- 廣州飛行情報區
- 臺北飛行情報區
- 福岡飛行情報區
- 香港飛行情報區
- 馬尼拉飛行情報區

2 飛機是如何飛起來的呢？

下課時間

利用飛行記錄器探索飛航事故的原因

　　飛機是極少發生事故的安全交通工具。話雖如此，萬一墜落的話，就必須探究原因，以便防止再度發生相同的事故。在這之中，發揮極大功能的裝置，就是「飛行記錄器」（flight recorder）。

　　飛行記錄器是記錄與飛行中的飛機有關的各種資訊的裝置。這個裝置由兩個部分組成，其中一個部分是記錄飛行高度、速度、發動機的狀態、機體的位置及姿勢等資料的「飛行資料記錄器」（flight data recorder），另一個部分是記錄駕駛艙中機師們交談的會話及聲音的「座艙通話記錄器」（cockpit voice recorder）。

　　飛行記錄器俗稱「黑盒子」，但實際上它的外殼是顯眼的橙色，以便能在

任何環境中都很容易被發現。它的本體打造得非常堅固，能耐受墜落的衝擊、高溫，以及沉入海底時的水壓等等。此外，它安裝有「水下定位發報器」（underwater locator beacon），如果沉入水中的話，能自動發出超音波訊號，指示自己的位置。

飛行記錄器（示意圖）

11 在機場降落後立刻開始準備下一趟飛行！

　　結束飛行的飛機抵達停機坪之後，首先會把「空橋」（boarding bridge，登機橋）等設施架在機身上，讓乘客下機。在地面上，貨艙裡的貨櫃及貨物也被搬運出來。

　　然後，開始進行為求安全的飛行不可或缺的各種維修及檢查作業。除了飛機維修工程師（aircraft maintenance technician）之外，機長本人也要親自以目視方式檢查機體有沒有異常、輪胎有沒有磨損等等。如果有異常，必須在下次起飛之前修理妥當。

　　除此之外，還有燃料的補給、機內的清掃、機內食物及備品的裝載等等，一大堆工作要處理。這麼龐雜的作業，國內航線必須在45～60分鐘，國際航線必須在大約2個小時以內完成。現代的飛機已經能在飛行途中把機體的狀態通知機場，因此可以在飛機抵達機場之前，就先做好維修作業的準備工作。

想知道更多

一般國際航線每次飛行所裝載的水約重達1.2公噸。

快！快！

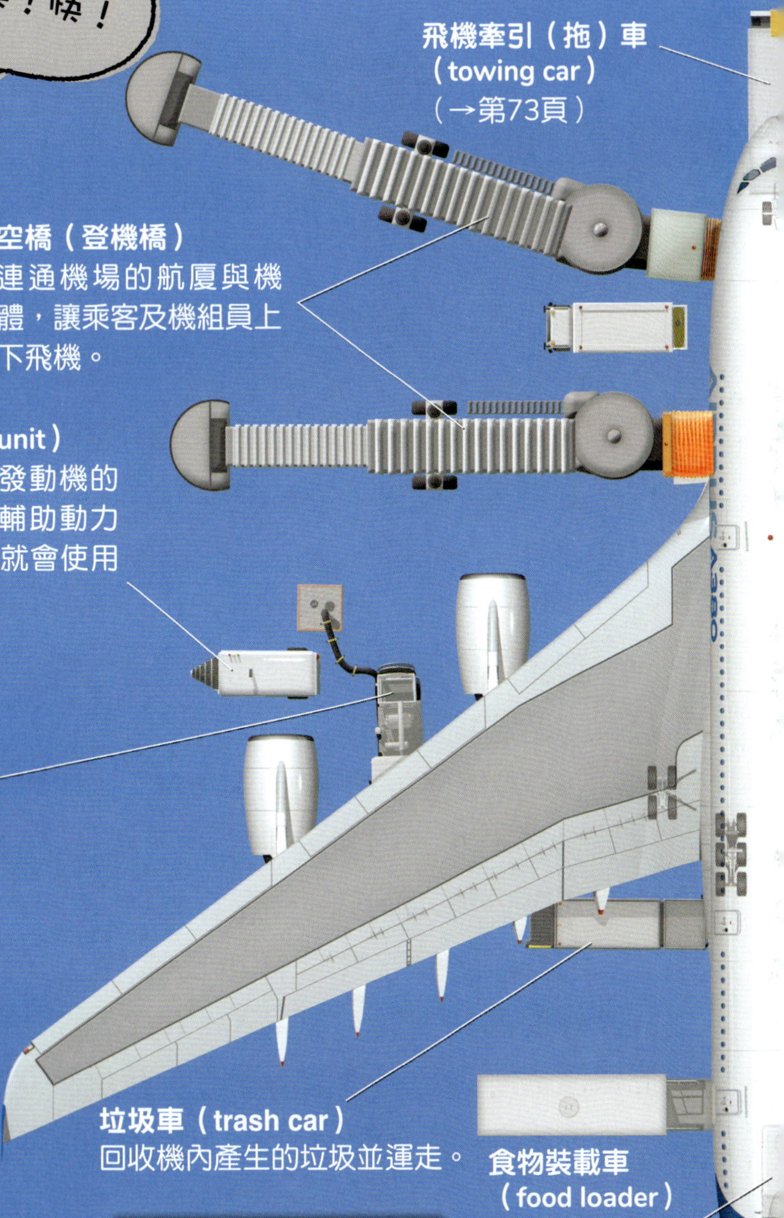

飛機牽引（拖）車（towing car）
（→第73頁）

空橋（登機橋）
連通機場的航廈與機體，讓乘客及機組員上下飛機。

空氣啟動裝置（air start unit）
送入壓縮空氣以便啟動發動機的裝置。當不使用機尾的輔助動力裝置（→第24頁）時，就會使用這個裝置。

加油車（refueller/servicer）
補充燃料給飛機。分為有裝設油槽的refueller和沒有裝設油槽的servicer。servicer透過與其他場所的油槽連接的地下配管供應燃料。

垃圾車（trash car）
回收機內產生的垃圾並運走。

食物裝載車（food loader）
（→第73頁）

接駁車（ramp bus）
如果飛機停在較遠的位置，必須使用接駁車把乘客從飛機載到航廈，或從航廈載到飛機。

加水車（waterer）
供應機內使用的水。

71

12 支持飛行安全的維修作業

　　除了每天的維修之外，飛機還需要進行A～D這4種維修作業。

　　「A級維修」是每經過300～500小時的飛行或大約1個月就要實施一次。花6～8小時的時間，檢查發動機及煞車等構件。

　　「B級維修」是每經過大約1000小時的飛行就要實施一次，但實際時間依航空公司及機型而異。這種維修會進行比A級維修更詳細的檢查。

　　「C級維修」是每經過4000～6000小時的飛行或1~2年就要實施一次。這種維修會拆下機體的各個構件，進行發動機、油壓・電力系統的檢查等等。

　　「D級維修」是最徹底的維修。每經過4～5年實施一次，竟然要動用50～100人，花上1個月的時間。這種維修要把機體拆解到露出骨架的程度，並且重新塗裝。

　　完成D級維修的飛機會回復到如同新品一般的狀態。

想知道更多

基於安全性及燃油效能等方面的考量，禁止客機以自身動力後退。

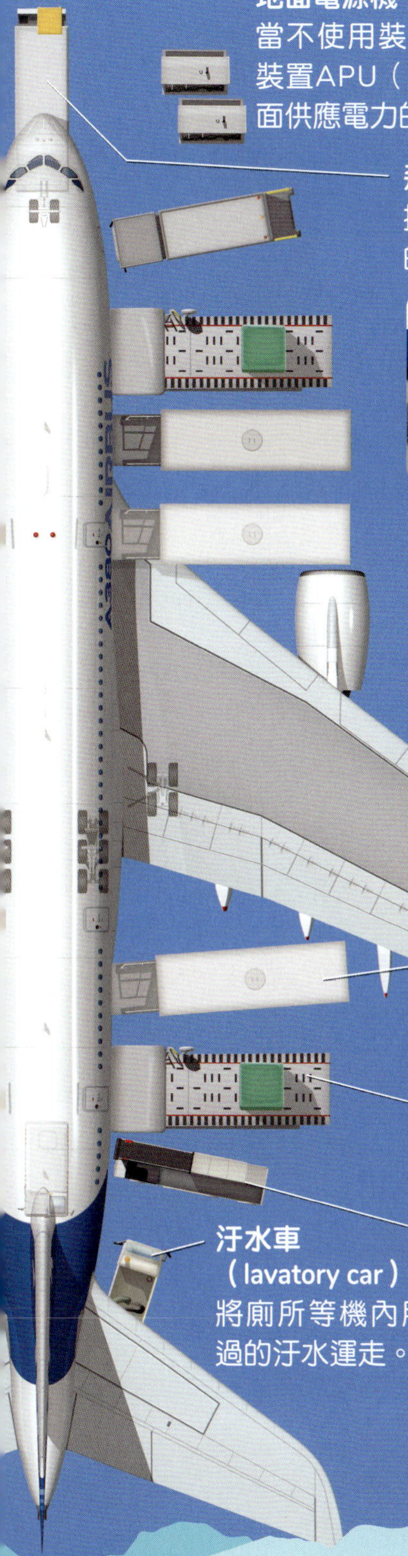

地面電源機（GPU）
當不使用裝設在機尾的輔助動力裝置APU（→第24頁）時，從地面供應電力的裝置。

正在維修的客機

飛機牽引（拖）車
推拉機體後退離開停機坪的車輛。

加油車
（→第71頁）

貨櫃及行李托車
（towing tractor）
把從飛機貨艙卸下來的貨櫃及貨物放在稱為「推車」（dolly）的臺車上運走。

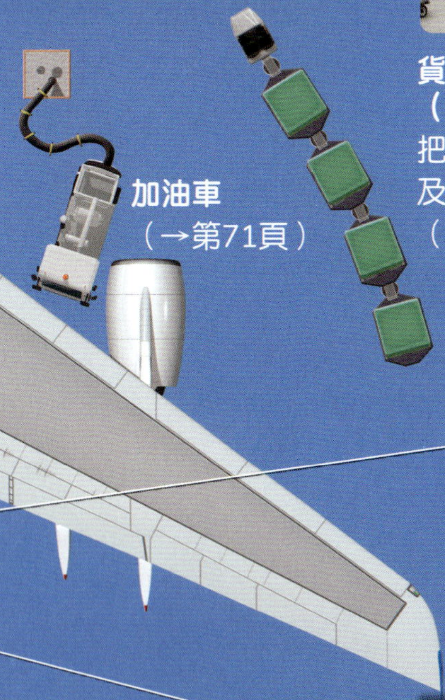

食物裝載車
運送機內食物及備品等。能夠把整個貨倉升上去，以便於搬運貨物到機內。

汙水車
（lavatory car）
將廁所等機內用過的汙水運走。

輸送帶裝卸車（belt loader）
利用上部搭載的輸送帶運出或運入散裝貨物。

升降裝卸車（highlift loader）
把貨物或貨櫃運出或運入飛機的貨艙。上部可像電梯一般升降。

73

下課時間

終止飛航任務的飛機怎麼處理？

終止任務，不再搭載乘客的飛機，會被送到全球幾處「飛機墳場」去存放。

雖然說是「墳場」，但這些飛機並沒有死亡。還能夠載客的機體有些會被其他航空公司買走，有些則被拆解，做為新機體的構件而復活。

美國亞利桑納州的「戴維斯-蒙森空軍基地」（Davis–Monthan Air Force Base）的場景。在這裡併排著終止任務（除役）的軍機。

第3節課

飛機圖鑑①客機

我們平常見到的「飛機」是用於搭載乘客的「客機」。在這裡，將以世界最大的飛機製造廠商「波音公司」和「空中巴士公司」為主，介紹各式各樣的客機的機型。我們一起來看看吧！

出發嘍！

01 配備多項新技術的波音 B787

　　波音B787 Dreamliner（夢幻客機）是日本的全日空ANA航空公司曾經參與開發的飛機。

　　2013年首次飛行，現在已經有1000架以上在全世界的天空活躍著。

發動機
重新設計風扇的形狀及燃燒室的材料，改善了發動機本身的燃燒效率。結果，比起以往的飛機，燃油效能提高了20%。

B787-8（ANA）

全寬：60.1公尺
全長：56.7公尺
全高：17.0公尺
航程：13,620公里
最大起飛重量：227,930公斤
標準座位數：248座（2級艙等）

＊此處所列的規格為參考飛機廠商及航空公司的官網、資料等數據（以下同），只是該機型的一個例子，並非相片中的機體。

想知道更多
像 B787 這樣，客艙有兩條走道的飛機，稱為「廣體機」。

B787的發動機性能非常優異，燃油效能比以往的飛機提高20%。因此，能夠從臺灣直接飛到幾乎是位於地球背面的墨西哥而不必中途停留。

　　除此之外，這個機型也配備多項以往的飛機不曾有過的新技術，例如「約50%的機體採用輕盈又堅固的CFRP材料（→第32頁）製造」、「以往的飛機利用油壓、電力、氣壓驅動飛機上必要的系統，而B787則只利用油壓和電力驅動」、「緊急用電池採用鋰離子電池」等等。

主翼
B787的主翼使用CFRP製造，在飛行中的翹曲程度比以往的飛機大上許多（最大達到高度2公尺左右）。尖端做成稱為「斜削式翼尖」（raked wingtip）的形狀，具有如同小翼般的效果。

02 暱稱為「三七」的波音 B777

波音B777是1994年首次飛行的大型飛機。最初是以B767（→第80頁）為基礎著手開發，但是在後來聽取眾多航空公司的各式各樣的意見，結果誕生了這架嶄新的飛機。因為機型的編號是3個「7」排在一起，所以也被暱稱為

B777-200（JAL）

全寬：60.9公尺
全長：63.7公尺
全高：18.5公尺
航程：9695公里
最大起飛重量：247,010公斤
標準座位數：400座（2級艙等）

想知道更多

B777的廁所裡，馬桶座及馬桶蓋安裝有會緩緩關閉的「緩關器」(damper)。

「三七」（Triple Seven）。

　　B777有一個很大的特點，就是採用數位式線傳飛控（→第51頁）這項當時最新的技術。把類比式構件更換成電腦等裝置，不僅減輕了整體的重量，而且更容易維修及駕駛。駕駛艙的顯示器也從傳統的陰極射線管更換成液晶螢幕，更容易觀看。

　　近年來，也開發出從B777衍生的新飛機B777X系列（→第162頁）。

03 駕駛艙相同的「同期生」波音 B767 / B757

　　波音B767和B757是在同一時期開發的飛機，採用共通的駕駛艙。一般來說，各個機型的機師都必須持有該機型的專用證照，但B767和B757卻只要一張證照就能駕駛這兩種機型。

　　B767是第一架採用玻璃駕駛艙（→第48頁）的客機。在此之前，除了機師之外，還必須搭配「飛航工程師」（flight engineer）負責檢查各類儀器及調整發動機的出力。在玻璃駕駛艙裡，各式各樣的資訊在顯示器上一目了然，所以只要兩名機師就能操縱機體。

　　B757是做為B727（→第29頁）的後繼機而開發，總共生產了1000架以上。不過，由於空中巴士A320（→第94頁）等競爭對手的大肆活躍，已經在2004年停止生產。

想知道更多

像B757這樣，客艙只有一條走道的飛機，稱為「窄體機」。

3 飛機圖鑑① 客機

B767-300ER

- 全寬：47.6公尺
- 全長：54.9公尺
- 全高：15.8公尺
- 航程：11,065公里
- 最大起飛重量：186,880公斤
- 標準座位數：269座（2級艙等）

B757-200

- 全寬：38.0公尺
- 全長：47.3公尺
- 全高：13.6公尺
- 航程：7220公里
- 最大起飛重量：99,790公斤
- 標準座位數：194座（2級艙等）

81

04 讓海外旅行變容易的「巨無霸噴射客機」波音B747

波音B747是一架巨大的飛機，又被稱為「巨無霸噴射客機」（Jumbo Jet）。一直到後來空中巴士A380（→第88頁）登場之前，它是唯一能夠載送一般客機的1.5～2倍乘客的機型。

B747-400

想知道更多

「巨無霸」（Jumbo）是19世紀後半期的馬戲團明星大象的名字。

在剛開始開發的時候，由於機體非常巨大，發動機的力量相對不足，無法飛行較長的距離。後來，改良了發動機，並且增加了油箱，才克服了這個缺點。

1988年首次飛行的B747-400，除了操控的電子・自動化之外，也安裝了小翼（→第20頁）及新型的發動機等等，在許多方面進行了大幅度的改良，因此吸引了全世界的航空公司紛紛引進這種機型。由於座位數比較多，每個座位的票價得以下降，讓人們能夠更輕鬆地享受海外旅行的樂趣。

全寬：64.4公尺
全長：70.6公尺
全高：19.4公尺
航程：13,450公里
最大起飛重量：396,890公斤
標準座位數：524座（2級艙等）

05 翱翔天際長達50年的長銷機型波音B737

波音B737是自從1967年首次飛行之後，經過一再地改良，才得以長年持續翱翔天際的飛機。1980年代，進行駕駛艙的數位化及提升發動機的性能；1990～2000年代初期，

B737-8

全寬：35.9公尺
全長：39.5公尺
全高：12.3公尺

航程：6,570公里
最大起飛重量：82,190公斤
標準座位數：178座（2級艙等）

引進玻璃駕駛艙（→第48頁）並更新主翼等等，打造出各種尺寸的衍生機型。

2016年首次飛行的B737MAX系列是裝配了新的飛行系統及發動機的機型，卻因為發生兩起墜落事故，一度被暫時停飛。現在，因為已經查明了原因而重新開始飛航。

2021年首次飛行的最新機型B737-10，和以往的機型比起來，成功地減少了二氧化碳的排放量及噪音。

3 飛機圖鑑①客機

想知道更多
波音公司（Boeing）是總公司位於美國的飛機廠商。

下課時間

相同機型卻具有不同體型!?

飛機的機型編號是由代表製造廠商的英文字母加上數字所組成。例如，「B787」（→第76頁）表示「波音（Boeing）公司製造的787機型的飛機」。另外，有些機型編號的後面會加上短橫線「-」，再加上數字，表示同一機型的各種衍生版本。

> 雖然是同一機型，但尺寸完全不一樣吔！

787-8
56.7公尺

787-9
62.8公尺

787-10
68.3公尺

例如，B787的基本型為B787-8（座位數242座、全長56.7公尺）。後來，為了增加座位數，開發了拉長機身的B787-9（座位數280座、全長62.8公尺）。接著，又開發了進一步拉長機身的B787-10（座位數330座、全長68.3公尺）。

有些機型編號的數字後面則會加上表示性能等等的英文字母。

B777-300ER（俄羅斯航空、俄羅斯國家航空）
「ER」是「extended range」（拉長航程）的縮寫。B777（→第78頁）之中，也有裝配更大油箱及更大出力的發動機等等，因而能飛行更長航程的機型。

06 運送大量旅客的最大客機 空中巴士A380

空中巴士A380是能夠搭載500人以上的雙層艙飛機。比同樣裝配4具發動機的波音B747（→第82頁）更大，甚至有航空公司充分利用寬闊的空間，在飛機內裝設了淋浴室和休息室。

A380-800

全寬：79.8公尺
全長：72.7公尺
全高：24.1公尺
航程：15,000公里
最大起飛重量：560,000公斤
標準座位數：545座（4級艙等）

想知道更多

臺灣桃園機場也可搭乘阿聯酋航空與韓亞航空的A380班機飛往阿拉伯聯合大公國杜拜與韓國仁川。

這樣的A380卻在2005年首次飛行之後,僅僅過了16年,就在2021年停止生產。到底是什麼原因呢?

　　因為像A380這樣的四引擎噴射機(裝配4具發動機的機型),具有燃油效能太低,維修費用高且時間長等缺點,能夠飛航的航線受到限制。而且,近年來,燃料的價格不斷高漲,再加上新冠疫情的擴大導致外出旅行的旅客大幅減少,因此,A380只好結束它的任務悄然退場。

> 這個機體又名「Flying Honu」(飛翔的海龜),是全日空飛行東京～檀香山航線的飛機。

> 「Honu」是夏威夷語的「海龜」的意思啦!

07 從鳥翼獲得靈感而製造的空中巴士A350XWB

　　空中巴士A350XWB是2014年開始交付的大型飛機，「XWB」是「extra wide body」（超廣體）的縮寫。
　　起初，原本計畫以A330（→第92頁）為基礎著手開發「A350」，但是在規格上輸給競爭對手波音B787（→第76

A350-900

全寬：64.8公尺
全長：66.8公尺
全高：17.1公尺
航程：15,000公里
最大起飛重量：280,000公斤
標準座位數：314座（3級艙等）

頁），因此大幅變更計畫。結果，打造出了具有加大寬度客艙的「A350XWB」。

　　A350XWB使用感測器偵測風的強度，然後依據風的強度驅動裝設在主翼後面的襟翼（→第54頁），以便減少飛行時的空氣阻力。這是從鳥類會依據風的強度調整翅膀的形狀及傾斜角度（也就是飛行姿勢）獲得靈感所設計出來的機能。這也是大型客機有史以來第一次採用這項技術。

想知道更多

A350XWB 的機體約 50% 使用 CFRP（→第 32 頁）製造。

08 外觀極為相似的姐妹機 空中巴士A340/A330

　　空中巴士A340和A330是依據空中巴士公司在1980年代推行的「TA計畫」所製造的機型。所謂的「TA」，是「twin aisle」（雙走道）的縮寫。順帶一提，在同一時期也推行了「SA計畫」，製造出的機型為A320（→第94頁）。「SA」是「single aisle」（單走道）的縮寫。

　　1991年，A340首次飛行。1992年，A330首次飛行。

　　這兩種機型的差異，可以說，只有發動機的數量吧！A340為四引擎噴射機，裝配4具發動機；A330為雙引擎噴射機，裝配2具發動機。除此之外，機身、主翼、尾翼、起落架（→第38頁）、駕駛艙、飛行系統等等全部相同。藉此可以減少開發成本，把價格壓低。

想知道更多

A340在燃油效能等方面輸給B777（→第78頁），因此在2012年停止製造。

A340-300

全寬：60.3公尺　航程：13,350公里
全長：63.6公尺　最大起飛重量：271,000公斤
全高：16.9公尺　標準座位數：295座（3級艙等）

A330-300

全寬：60.3公尺　航程：10,500公里
全長：63.6公尺　最大起飛重量：230,000公斤
全高：16.9公尺　標準座位數：295座（3級艙等）

09 空中巴士公司的大熱門系列「A320家族」

　　空中巴士A320是依據第92頁介紹的「SA計畫」所製造的窄體機（單走道的機型）。

　　在開發A320的1980年代，座位數差不多的飛機有波音B737（→第84頁）等許多強力的競爭對手。因此，A320引進數位式線傳飛控（→第51頁），採用側桿（→第51頁）及玻璃駕駛艙（→第48頁），設置比競爭對手更寬廣的客艙及貨艙等等，大量採納了當時的嶄新技術，因而成為大熱門的機型。

　　以A320為基本型，又開發了拉長機身的A321、縮短機身的A319。後來，又開發出機身比A319更短的A318。這些機型統稱為「A320家族」，真是一個龐大旺盛的家族啊！

> **想知道更多**
> 機師只需一張證照即可駕駛 A320 家族的所有機型。

3 飛機圖鑑 ① 客機

A321-100
全寬：34.1公尺　航程：4350公里
全長：44.5公尺　最大起飛重量：83,000公斤
全高：11.8公尺　標準座位數：185座（2級艙等）

A319（TAP葡萄牙航空）
全寬：34.1公尺　航程：3250公里
全長：33.8公尺　最大起飛重量：64,000公斤
全高：11.8公尺　標準座位數：124座（2級艙等）

A318（法國航空）
全寬：34.1公尺　航程：3250公里
全長：31.5公尺　最大起飛重量：64,000公斤
全高：12.8公尺　標準座位數：107座（2級艙等）

A320-200（紐西蘭航空）
全寬：34.1公尺　航程：4900公里
全長：37.6公尺　最大起飛重量：73,500公斤
全高：11.8公尺　標準座位數：150座（2級艙等）

95

10 起初為**不同公司製造不同名稱**的空中巴士A220

　　最初開發空中巴士A220的飛機廠商並不是空中巴士公司，而是龐巴迪公司（Bombardier）。

　　龐巴迪公司原本是製造了許多100座以下小飛機的公

A220-300

全寬：35.1公尺　　航程：6,297公里
全長：38.7公尺　　最大起飛重量：70,900公斤
全高：11.5公尺　　標準座位數：120～150座（2級艙等）

想知道更多
空中巴士是總公司位於法國的歐洲飛機廠商。

96

司,但是從2008年左右開始,嘗試開發100座以上的「C系列」。

可是,C系列獲得的訂單很少,使得龐巴迪公司的營運陷入困境。因此,把C系列轉讓給空中巴士公司。

C系列有108～135座的「CS100」和130～160座的「CS300」這兩種機型。空中巴士接手之後,分別改為「A220-100」和「A220-300」。

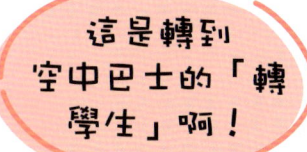

這是轉到空中巴士的「轉學生」啊!

使用側桿進行操控。客艙的窗戶和艙頂置物櫃(→第40頁)很大是它的特徵之一。

CS300

下課時間

飛機票價便宜的「廉價航空LCC」

「LCC」是（low cost carrier）的縮寫，意思是票價便宜的航空公司。在日本，從2012年起，樂桃航空（Peach Aviation）、捷星日本航空（Jetstar Japan）、日本亞洲航空（AirAsia Japan）^{編註}等公司陸續開始營運。在某些時期，甚至能以其他航空公司的一半以下的票價搭乘飛機。為什麼會這麼便宜呢？

編註：受到 Covid-19 疫情影響，日本亞洲航空 2020 年 2 月 5 日起停止營運。

葡萄牙馬德拉機場（Madeira Airport）的LCC易捷航空（easyJet）。

LCC的飛機撤掉了廚房（→第43頁）等設施，縮小座位之間的間隔，藉此增加座位的數量。每趟可因此載送更多乘客，但飛機內部改裝等方面的成本並沒有增加多少。起降的地點也選在離都市中心區較遠且只有最低限度設施的機場，以便壓低機場設施的使用費。

　　此外，乘客在飛機上所使用的東西基本上都需要費用，乘客想吃機上的食物及飲料等等，必須付費購買。因此，如果是「最低限度的服務和款待沒關係，只要能便宜搭乘就好」，便會傾向於選擇廉價航空。旅行的選項增加了，真令人開心！

> 要把錢花在哪裡，隨你的意思啊！

11 以T字形尾翼為商標的龐巴迪CRJ系列

從這裡開始介紹比較小型的飛機。

龐巴迪CRJ（Canadair Regional Jet，加拿大區域噴射客機）是龐巴迪公司生產的小型飛機。

CRJ200LR

全寬：21.2公尺　　航程：2,936公里
全長：26.8公尺　　最大起飛重量：23,130公斤
全高：6.2公尺　　標準座位數：50座（單一艙等）

T字形尾翼（→第59頁）真是帥啊！

100

3 飛機圖鑑① 客機

　　CRJ是以1991年首次飛行的「CRJ100」（50座）和更改發動機的「CRJ200」為基本型，陸續衍生出拉長機身的「CRJ700」（70座）、「CRJ900」（90座）、「CRJ1000」（100座）等機型，統稱為「CRJ系列」。

　　CRJ系列總共生產了1900架以上，但因為龐巴迪公司的營運不佳，因此在2021年停止生產。維修及客戶服務等業務轉移給日本的三菱重工業（MHI）於2020年成立的「MHIRJ航空集團」（MHIRJ Aviation Group）。

CRJ700 NextGen

全寬：23.2公尺　　航程：2,794公里
全長：32.5公尺　　最大起飛重量：33,000公斤
全高：7.6公尺　　 標準座位數：70座（單一艙等）

想知道更多

龐巴迪公司是總公司位於加拿大蒙特婁的飛機廠商。

12 具有裝配螺旋槳機翼的 Dash 8（DHC-8）

　　DHC（De Havilland Canada，德哈維蘭加拿大）-8通稱「Dash 8」（衝刺8），是龐巴迪公司開發的「渦輪螺旋槳飛機」，利用發動機的出力轉動螺旋槳以獲得前進的力。有40個座位級的「系列100」、提升發動機性能的「系列

DHC-8-Q400

全寬：28.4公尺
全長：32.8公尺
全高：8.4公尺

航程：2,040公里
最大起飛重量：27,987公斤
標準座位數：74座（單一艙等）

200」、50個座位級的「系列300」等幾種機型。

　　1996年，開始配備稱為NVS（noise and vibration suppression system，降噪減震系統）的裝置，開發了減少震動及噪音的「Q系列」。

　　接著，在1999年，又更新駕駛艙等設備，並且拉長機身，開發了「Q400（DHC-8-Q400）」。

　　後來，龐巴迪公司放棄了Q系列，於是名稱又改回原來的「Dash 8」。

想知道更多

「Q系列」的Q是源自「quiet」（安靜）。

13 不斷進化的窄體客機 E-Jet

　　E-Jet（E噴射機）是巴西航空工業公司（Embraer S.A.）開發的飛機系列，包括70～90座級的「E170」和100～120座級的「E190」等等。

　　巴西航空工業公司曾經生產編號「ERJ145、135、

ERJ145 EP

全寬：20.0公尺
全長：29.9公尺
全高：6.8公尺
航程：2,224公里
最大起飛重量：20,990公斤
標準座位數：50座（單一艙等）

140」的50座級以下的小型飛機。雖然具有座位數比競爭對手龐巴迪CRJ200（→第100頁）少的缺點，但因為成本效益比較高，所以賣出了1200架以上。

由於這個ERJ的成功，巴西航空工業公司接著開發出「E-Jet」。從2004年E170首次執飛到現在，始終活躍於全世界的天空。從2021年起，又開發出改善燃油效能、增加座位數、減低噪音的「E-Jet E2」系列。這種飛機仍然在進化的道路上。

E190 AR
全寬：28.7公尺
全長：36.2公尺
全高：10.6公尺
航程：4,537公里
最大起飛重量：51,800公斤
標準座位數：96座（2級艙等）

想知道更多

巴西航空工業公司是總公司位於巴西的飛機廠商。

14 最適合離島航線使用的靈巧飛機ATR 42 / ATR 72

　　ATR（Avionsde Transport Régional）是法國的空中巴士公司和義大利的李奧納多公司（Leonardo）共同成立的飛機廠商。ATR的飛機有40座級的「ATR 42-600」和70座級的「ATR 72-600」等機型。這些飛機都是渦輪螺旋槳飛機

ATR 72-600

全寬：27.1公尺
全長：27.2公尺
全高：7.7公尺
航程：1,404公里
最大起飛重量：22,800公斤
標準座位數：72座（單一艙等）

（→第102頁）。

　　ATR 42和ATR 72活躍的領域，是飛往離島的短程航線。即使是在例如海拔很高、寬度狹窄、沒有鋪設路面等條件惡劣的機場或飛行場，它也能起降。

　　此外，其他尺寸相近的飛機的貨艙大多位於機尾，而ATR的飛機則把貨艙設置在客艙和駕駛艙之間。利用這樣的設計，可以加寬貨艙的出入口，而能夠在短時間內裝卸大量貨物。

貨艙

登機梯（airstairs）

想知道更多 ▶
渦輪螺旋槳飛機在短程航線的燃油效能通常優於噴射機。

15 精實打造因而長壽的 SAAB 340

　　SAAB 340是由瑞典的紳寶公司（SAAB）和美國的費爾柴德飛機公司（Fairchild Aircraft）共同開發的飛機系列。

　　開發之初，取兩家公司的名稱的首字母，把飛機命名為「SF340」，但後來費爾柴德飛機公司退出，因此改名為

SAAB 340B Plus

108

「SAAB 340A」。SAAB 340A博得了超越競爭對手Dash 8（→第102頁）和ATR 42（→第106頁）的人氣。後來，SAAB 340A又開發了進一步提升性能的SAAB 340B，以及重新打造客艙的「340B Plus（340B-WT）」。

SAAB 340是故障很少而可望長壽的優異機型，但由於區域航線客機（100座以下）市場的激烈競爭，該機型的銷量下降，被迫在1999年停止生產，日本方面也在2021年底終止任務退役了。

全寬：22.8公尺　航程：1,520公里
全長：19.7公尺　最大起飛重量：13,155公斤
全高：7.0公尺　標準座位數：34座（單一艙等）

想知道更多

一般飛機的壽命大約 20 年，但 SAAB 340 可達到加倍的壽命。

下課時間

有稜有角的小客機

下方相片中的飛機是德國的多尼爾公司（Dornier Flugzeugwerke）所開發的「Do228」。只有19個座位，是一種非常小型的飛機。

一般的飛機為了讓乘客能在氣壓很低的高空度過，會增加機內的氣壓，因此把機身做成圓筒形，增加耐壓強度。Do228的飛行高度並沒有那麼高，不必調整機內的氣壓，所以把機身做成四四方方的形狀。

客艙內部

因為機身是方形，所以客艙看起來比較寬敞哦！

第**4**節課

飛機圖鑑②各種飛機

飛機的種類繁多，除了客機之外，還有私人擁有的商務噴射機、專門運送貨物的貨機、軍用飛機等等。這節課，將會介紹其中的一部分。

啾！

01 經過100年才實現的少年夢想HondaJet

　　「總有一天，我要製造飛機。」有一名10歲的日本少年這樣夢想著。他的名字叫作本田宗一郎，是以汽車聞名的Honda（本田技研工業公司）的創立者。在少年本田懷抱這個夢想之後過了大約100年的2015年，本田終於製造出自己的飛機，那就是HondaJet（本田噴射機）。

　　HondaJet最明顯的特徵，絕對是安裝在機翼「上面」的發動機吧！

　　以往的小型噴射機，幾乎都是把發動機安裝在機體後部。但這麼一來，會有客艙狹小、噪音變大等等缺點。話雖如此，如果安裝在機翼上面，則通常會因為空氣阻力而減低飛行力。本田一再反覆地測試，終於成功地把發動機安裝在空氣阻力比較小的位置。

想知道更多

HondaJet 是個人或企業擁有的「商務噴射機」（business jet）。

HondaJet Elite S

全寬：12.1公尺
全長：13.0公尺
全高：4.5公尺
最大巡航速度：782公里/小時
航程：2661公里
最多乘員：8人（機師1名＋乘客7名或機師2名＋乘客6名）

駕駛艙

可以只由一名機師駕駛。中央排列著3個14吋高解析度顯示器，它們的下方併排著2個用於操控飛行系統的觸控式螢幕。

4 飛機圖鑑② 各種飛機

113

下課時間

小飛機圖鑑

這裡要介紹許多種實用的小飛機。

CJ4（Hahn Air Lines，漢恩航空）
美國的賽斯納公司（Cessna）開發的商務噴射機「Citation Jet」系列的成員之一。賽斯納公司現在為德事隆航空公司（Textron Aviation）旗下的一個品牌。

Learjet 75 Liberty（Avcon Jet，亞布康噴射）
美國的老牌商務噴射機廠商里爾噴射公司（Lear jet）開發的機型。現在移轉給加拿大龐巴迪公司。

G650（Qatar Executive，卡達商務）
美國的商務噴射機廠商灣流航太公司（Gulfstream Aerospace）打造的飛機。

Bombardier Challenger 650
把加拿大航空工業公司（Canadair）的「Challenger 600」（挑戰者600）加以改良，於2015年開始交付的機型。Challenger 600也是CRJ（→第100頁）的基礎機型。

下課時間

Bombardier Global 7500（Rise & Shine Air）
「Global」是龐巴迪公司的商務噴射機當中，機體最大的機型。

Cessna Skyhawk（Global Aviation Academy，全球航空學院）
原本的商品名稱為「Cessna 172」。由於這個機型的登場，使得「Cessna」在日本成為小型飛機的代名詞。

Beechcraft Baron G58
美國的比奇飛機公司（Beechcraft）的飛機。使用往復式發動機（活塞引擎）驅動。比奇飛機現在為德事隆航空公司旗下的一個品牌。

Dassault Falcon 8X
法國的飛機廠商達梭航太公司（Dassault Aviation）的商務噴射機。

Quest Kodiak 100（Setouchi Seaplanes，瀨戶內海上飛機）
美國的奎士特飛機公司（Quest Aircraft）製造的飛機。裝配「浮筒」以便在水面降落。奎士特飛機公司現在為法國達荷集團（Daher）的一員。

PA-28-181 Archer III（Hessen-Flieger，黑森飛行員協會）
美國的老牌廠商派珀飛機公司（Piper Aircraft）的飛機。使用往復式發動機（活塞引擎）驅動。

02 簡直就像海豚一樣？運送飛機零組件的飛機

　　本單元要介紹幾種形狀有趣的飛機。

　　空中巴士公司的「Beluga」（大白鯨）是為了運送飛機的半成品構件而開發的超級運輸機。頗具特色的圓形頭部裡面有巨大的貨艙。外觀像極了它的名稱所示的白色鯨豚。

　　基於和大白鯨相同的目的而開發的飛機，還有波音公司的「Dreamlifter」（夢想運輸者）。這個機型也為了擴大貨艙，把機身做成鼓脹的形狀。

　　接下來要介紹的是波音公司的「Super Guppy」（超級孔雀魚），外表看起來就像是一個用金屬打造的氣球，機翼裝配著小小的螺旋槳。它竟然是為了運送火箭的構件及太空船而開發的飛機，裝載貨物時，要把機首打開。物主是NASA（美國航空暨太空總署）。

> **想知道更多**
> Beluga XL（A330-743L）以 A330-200 型客機為基礎開發而成。

Beluga XL

Dreamlifter

Super Guppy Turbine

2019年11月21日在美國甘迺迪太空中心裝載太空船「獵戶座號」（Orion）的Super Guppy Turbine（超級孔雀魚渦輪機）。

相片提供：NASA，Kennedy Space Center

4 飛機圖鑑②各種飛機

119

下課時間

世界最大的貨物運輸機

安托諾夫An-225 Mriya是烏克蘭製造的目前全世界最大的貨物運輸機。全長約84公尺，比最大的客機A380（→第88頁）還要長10公尺以上。為了支撐龐大的機體，裝配了6具發動機、32個機輪。順帶一提，「Mriya」在烏克蘭語中，是「夢想」的意思。

Mriya應世界各國的委託，載運了許

多物資。2011年東日本大震災之際，法國政府以包機方式，載送了150公噸的救援物資給日本。2020年新冠疫情大流行之後，為了載送醫療器材而在全球各地來回穿梭。

　但是，在2022年，俄羅斯入侵烏克蘭，將停放在安托諾夫機場的Mriya炸毀了。烏克蘭政府目前正在打造2號機。希望有一天能夠重新看到這架龐大的飛機在天空飛翔的英姿。

03 戰鬥機為什麼能飛得快？

　　從這裡開始，要介紹軍隊使用的「軍機」。

　　在下一頁圖示的飛機，是稱為「F-35B Lightning II」（F-35B閃電II）的戰鬥機。它的構造和先前所看到的客機及貨機有很大的不同。

　　請注意一下它的機翼吧！機翼的形狀好像切掉一個尖端的三角形。這是為了在以音速以上的高速飛行時減低空氣阻力，並且維持機翼的強度而設計的「截梢三角翼」（clipped delta wing）。

　　此外，戰鬥機會在空中做急轉彎、翻跟斗之類的小角度旋轉動作。如果只有一個垂直尾翼的話，恐怕會使垂直尾翼陷入自己產生的亂流中而失控。因此，大部分戰鬥機採取左右分別裝配一個垂直尾翼的「雙垂直尾翼」，以便能夠確實掌控飛行。

> 到處都是讓飛機能快速飛行的機械結構吧！

想知道更多

「截梢三角」是「有一個角被截短的三角形」的意思。

122

F-35B Lightning II

垂直尾翼
也可以把左右兩邊垂直尾翼後緣的方向舵（→第56頁）朝相反方向轉動，發揮在空中煞車的作用。

前緣襟翼（縫翼）
安裝在整片主翼前緣的大片襟翼。在低速飛行時產生巨大的升力（→第52頁）而能迅速起降或改變行進的方向。

後緣襟副翼（flaperon）
具有襟翼（→第54頁）和副翼的作用。

水平尾翼
整體轉動，而發揮升降舵和副翼（→第56頁）的作用。

輔助進氣口

舉升風扇進氣口

舉升風扇
（→第124頁）

油箱

發動機

傳動軸（shaft）
用於驅動舉升風扇。

駕駛艙
裝配著2個可以像智慧型手機一樣操作的監視器。駕駛員戴的頭盔附有顯示系統。

進氣口（air intake）
送到發動機的空氣進氣口。

4 飛機圖鑑② 各種飛機

04 能夠使用強力發動機垂直起降的F-35B

關於前頁介紹的F-35B，在這裡更詳細地說明一下吧！

大多數戰鬥機會在和客機相同的渦輪風扇發動機（→第26頁）上加裝稱為「後燃器」（after burner）的裝置，用於把燃料噴入從發動機排出的氣體，使其再次燃燒。以F-35B來說，使用後燃器可以把使機體前進的推力從12公噸提高到15公噸。

此外，F-35B在機體前方裝配「舉升風扇」（lift fan），將從進氣口吸入的空氣朝機體下方噴出，在機翼下方裝配「滾轉噴管」（rollpost ducts），將從發動機排出的氣體朝機體下方噴出，在發動機後方裝配「推力轉向噴嘴」（thrust vectoring nozzle）可以把發動機的排氣轉朝下方排出。

藉由這些操作，使F-35B能夠進行垂直降落。

> **想知道更多**
>
> 後燃器也稱為「增強器／推力增強裝置」（augmenter）及「再熱器」（reheater）等等。

F-35B處於降落態勢的實際機體下部

全寬：10.7公尺
全長：15.6公尺
全高：4.4公尺
最大速度：1.6馬赫
航程：1667公里以上
最多機員：1人

後燃器的機械結構

燃料噴射口　燃燒室　渦輪機　後燃器

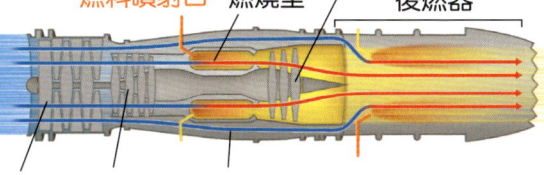

風扇　壓縮機　旁通氣流　燃料噴射口　排氣噴嘴

燃燒室製造出高溫高壓氣體，和燃料以及沒有通過燃燒室的空氣混合，再次燃燒，藉此急速加速。

舉升風扇
從上方吸入空氣，使用風扇加速後，朝下方排出，藉此在垂直降落時保持機體的姿勢。

舉升風扇進氣口

滾轉噴管
垂直降落時，把發動機的壓縮空氣吸過來再噴射出去。

推力轉向噴嘴
用於改變發動機排氣的方向。

發動機
使用輕盈堅固的「陶瓷基質複合材料」（CMC，ceramic matrix composite）製造而成。

滾轉噴管

125

05 裝配高性能雷達的「無敵」飛機 F-15 鷹式戰鬥機

　　F-15 Eagle（鷹式）是能夠以最大速度2.5馬赫飛行的戰鬥機。理論上，也能將機體從垂直豎立的狀態像火箭一樣地升空。

　　F-15的機首裡收納著高性能的雷達，能夠立刻發現潛藏

F-15J（日本航空自衛隊）

全寬：13.1公尺
全長：19.4公尺
全高：5.6公尺
最大速度：2.5馬赫
航程：4,600公里
最多機員：1人

想知道更多

F-15曾經有失去一邊機翼的機體仍然平安降落的案例，證明了它的性能優異。

在空中及地面的敵機。由於這樣的長處，F-15從來沒有被擊落的案例。

　　F-15自1976年開始服役，先後推出了初期型「F-15A/B」、增加裝載燃料量的改良型「F-15C/D」、重新設計機體而改成轟炸機（→第134頁）的「F-15E」等等，總共生產了1000架以上。2021年，美國空軍接收了採用數位式線傳飛控（→第51頁）並且提升武器裝載量的全天候多用途攻擊戰鬥機「F-15EX Eagle II」。

這款F-15J是日本航空自衛隊專用的機型哦！

06 價格較廉但性能優異的 F-16 戰隼戰鬥機

　　F-16 Fighting Falcon（戰隼）是只需F-15（→第126頁）的一半左右的成本即可製造的戰鬥機。

　　1975年越戰結束之後，美國空軍提出了把像F-15一樣「性能優異但比較昂貴的戰鬥機」和「性能還可以但比較便宜的新型戰鬥機」這兩種機型組合在一起運用的「高低配」（high-low mix）的概念。依據這個概念所開發出來的機型，就是F-16。

　　F-16是第一個大量採用類比式線傳飛控（→第51頁）和側桿（→第51頁）等當時最新技術的軍用飛機。而且，只裝配一具發動機，並採用和以往的飛機相同的零組件，所以成功地把成本降下來。

> 戰鬥機也要講求成本效益啊？

想知道更多

F-16從開始生產至今已近50年，總共有3000架以上投入服役。

128

F-16 Block 70/72

全寬：9.4公尺
全長：15.0公尺
全高：5.1公尺
最大速度：2馬赫以上
航程：-----
最多機員：1人／2人

4 飛機圖鑑②各種飛機

129

07 擅長特技飛行的俄羅斯戰鬥機 蘇愷 Su-27/Su-35S

　　Su-27和Su-35S是俄羅斯製造的戰鬥機。

　　Su-27是為了迎擊像F-15（→第126頁）這種可怕的敵機而開發的戰鬥機，從1980年左右開始服役。1980年代後半期，又開發了在機體前方加裝稱為「前翼」（canard）的小翼並改良電子設備及軟體的「Su-27M」及「Su-37」，但

Su-35S

全寬：14.7公尺　　最大速度：2.3馬赫
全長：21.9公尺　　航程：3,600公里
全高：5.9公尺　　　最多機員：1人

沒有大量製造。

　　到了2014年，開始生產將Su-27大幅進化的「Su-35S」。這是一架將駕駛艙、電子設備、軟體、機體的材料等等全面更新的高性能戰鬥機，能夠執行一些困難的飛行技巧，例如把機首拉抬90度以上也不會失速而繼續飛行，然後再度恢復水平飛行的「眼鏡蛇機動」（cobra maneuver），或是把機體拉到垂直，然後直接後空翻的「跟斗機動」（Kulbit maneuver）。

想知道更多
　　「跟斗機動」是由俄羅斯飛行員發明的飛行動作。

08 各具特色的歐洲戰鬥機群

在這裡，要介紹幾種歐洲具有代表性的戰鬥機。

首先，介紹由多個國家共同開發的「Eurofighter」（歐洲戰鬥機）。這項共同開發計畫，起初有英國、德國、義大利、西班牙、法國等國家參加，但後來對開發的方向有了歧見，導致法國退出團隊。其後計畫又經過多次變更或停滯，終於在2003年開始在奧地利、義大利、德國、英國、西班牙、沙烏地阿拉伯和阿曼的空軍服役。科威特和卡達也訂購了該飛機，截至2023年11月，採購總數達到680架。

另一方面，法國在退出共同開發計畫之後，獨自製造了稱為「Rafale」（飆風）的戰鬥機。因為這種機型是運用在航空母艦上，所以尺寸比歐洲戰鬥機稍微小一點。

在北歐，瑞典製造了稱為「Gripen」（獅鷲）的戰鬥機。機體小巧輕盈，成本效益很高，也輸出到國外。

> **想知道更多**
> Eurofighter 在德國及義大利以外稱為「Typhoon」（颱風）。

Eurofighter・英國空軍

全寬：11.0公尺
全長：16.0公尺
全高：5.3公尺
最大速度：1.8馬赫
最多機員：1人/2人

Rafale・法國空軍

全寬：10.9公尺　最大速度：1.8馬赫
全長：15.3公尺　最多機員：1人/2人
全高：5.3公尺

Gripen・瑞典空軍

全寬：8.6公尺　　　最大速度：2.0馬赫
全長：15.2公尺　　　最多機員：1人（F系列為2人）
　　（F系列為15.9公尺）
全高：----

4 飛機圖鑑②各種飛機

133

下課時間

團隊合作！軍機圖鑑

除了戰鬥機之外，還有許多種飛機在軍隊中活躍著。這裡介紹其中一部分。

戰鬥機（fighter aircraft）

和敵方飛機戰鬥，或護衛己方。

轟炸機

裝載大量的炸彈等武器，攻擊地面的目標。

攻擊機（attack aircraft）

攻擊地面或海上的敵機。日本自衛隊稱之為「支援戰鬥機」。

空中加油機

為飛行中的戰鬥機加油。有時也會載送人員或貨物。

下課時間

空中預警管制機

監視並警戒空中的敵情,或是在難以從地面支援的地方擔任指揮的任務。

巡邏機

主要執行海上的監視及收集情報。

運輸機

偵察機

使用攝影機及雷達等設備收集敵區的情報。

分為將人員（士兵）、戰車、軍用車輛等運送到遠方的「戰略運輸機」和用於短程運輸的「戰術運輸機」。

09 緊急時派上用場！載送國家高層人士的「政府專機」

總統及總理、皇室成員等國家高層人士要前往國外訪問之際，一般會搭乘「政府專機」。現在的「日本國政府專機」（Japanese Air Force One/Two）是第二代，都是以B777（→第78頁）為基礎打造而成。

日本國政府專機

全寬：64.8公尺　巡航速度：925公里/小時
全長：73.9公尺　航程：14,000公里
全高：18.9公尺　座位數：約150座

「日本國政府專機」也被稱為「飛行的官邸」哦！

第一代是以B747（→第82頁）為基礎打造而成，服役期間從1992年到2019年。不只搭載國家高層人士，包括海外援助活動、國際和平合作活動、緊急時的海外日本人的載送等等，總共出動了349次。上層為乘務人員的操控室，下層為高層人士的運用空間，不僅有配備了皮製沙發、大型監視器、執行業務用機器、衛星電話、淋浴間等等的貴賓室，還有夫人室、幕僚室、會議室、事務室、隨行人員室、一般客室等等。最多可搭載150人左右。

第一代的貴賓室
＊日本石川縣立航空廣場展示中。

想知道更多

在日本國政府專機上工作的機師和客艙服務員都是由日本航空自衛隊的人員擔任。

下課時間

在空中飛行的指揮所「守夜者」Nightwatch

美國總統專機「Air Force One」（空軍一號，VC-25A）在訪問外國的時候，一定會有波音E-4B「末日飛機」同行，通稱之為「Nightwatch」（守夜者）。這是為了當首都華盛頓特區面臨核攻擊的危機時，讓總統等重要人士飛到空中避難並執行指揮而打造的飛機。機體表面貼有電磁脈衝屏蔽罩等等，充滿了各式各樣的防衛措施。

也可以做為發生災害時的指揮所哦！

第5節課

「以前的飛機」和「未來的飛機」

從發明飛機到現在,過了大約120年。在這段期間,飛機的樣貌不斷發生巨大的改變,未來也將繼續進化。我們一起來回顧飛機的歷史,並且看看目前正在開發中的未來飛機吧!

讓我們來一趟時間旅行吧!

01 1903年萊特兄弟完成人類首次動力飛行

　　世界第一次搭乘飛機飛上天空的人，是一對經營腳踏車行的兄弟，哥哥是威爾伯‧萊特（Wilbur Wright，1867～1912），弟弟是奧維爾‧萊特（Orville Wright，1871～1948）。

　　少年時期，兄弟倆就十分嚮往在天空飛行。他們從1900年開始製造滑翔機（glider，只裝配無動力機翼的飛機），但沒有獲得預期的成果。因此，他們製造了稱為「風洞」（wind tunnel）的實驗裝置，用於測量飛機的機翼所產生的升力（→第52頁）和空氣阻力。從這個時候開始，他們使用滑翔機反覆進行了多達1000次的飛行實驗，並藉此磨練操縱技術。

　　終於，1903年12月17日上午10時35分，在滑翔機上裝配了發動機和螺旋槳的「Wright Flyer 1」（萊特飛行者1號）在弟弟的操縱下，以12秒的時間飛行了大約36公尺的距離。這就是人類第一次駕駛飛機在天空飛行的紀錄。

> **想知道更多**
> 在飛機之前，氣球（熱氣球）已經在1783年完成首次飛行。

萊特飛行者1號

萊特兄弟自己打造的萊特飛行者1號充滿了各種巧思。其中最值得一提的，應該是藉著將主翼翹曲，使機體傾斜著進行轉彎的機械結構吧！這個以3維度（上下、左右、前後方向）控制機體姿勢的觀點，也適用於現代的飛機。

全寬：12.3公尺
全長：6.4公尺
全高：2.8公尺
最大起飛重量：340公斤

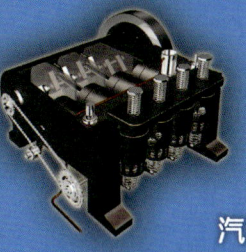

發動機
汽油發動機，重量90公斤。兄弟倆在技師助手查理‧泰勒（CharlesTaylor，1868～1956）的協助下自行打造而成。

汽油箱
（容量1.5公升）

散熱器（radiator）
利用水冷卻發動機。

發動機

風速計

操縱桿

托架

落地用滑板

升降舵
控制機體的上升、下降。

方向舵
在轉彎時防止機體的橫向滑動，或在飛行時保持橫向的穩定（相當於垂直尾翼的作用）。

操縱席
趴在稱為「托架」（搖籃）的部位進行操縱。

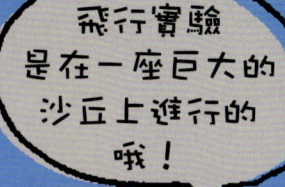

主翼（翹曲機翼）
主翼的右側比左翼長約10公分，以便增加升力，抵銷偏右側裝配的發動機的重量。

飛行實驗是在一座巨大的沙丘上進行的哦！

5 「以前的飛機」和「未來的飛機」

143

02 比萊特兄弟更早構想出飛機的二宮忠八

　　其實，在萊特兄弟（→第142頁）製造萊特飛行者1號的十多年前，日本已經有人構想出在天空飛行的交通工具。

　　這個人就是二宮忠八。忠八觀察烏鴉保持張開著翅膀飛行的模樣，注意到牠們是藉著調整翅膀的角度獲得升力（→第52頁）。進一步，他又觀察到吉丁蟲（Buprestoidea）張開著外側的硬翅飛起來，然後藉由細微調整內側的軟翅飛來飛去的模樣。

　　忠八先後於1891年和1893年設計了烏鴉型及吉丁蟲型的「飛行器」，開始募集開發飛行器所需的資金。但是，就在只差一步的時候，聽到了萊特兄弟首次飛行成功的消息，真是懊惱得不得了，於是放棄了！

　　後來，忠八構想的「飛行器」的理論被認定是正確的，所以至今仍被稱為「日本的航空器之父」。

> **想知道更多**
> 忠八在晚年時期，為了撫慰因飛機而罹難者的靈魂，創建了「飛行神社」。

二宮忠八（1866～1936）

> 雖然拿了飛行器的設計圖給重要人士看，但都沒有人理睬！

> 如果當時能開發出來，就會是世界第一了。

5 「以前的飛機」和「未來的飛機」

出生於今日愛媛縣的海產批發商的家庭。從少年時期就很會製造風箏，聽說15歲時曾經販賣鳥形及扇形等獨特形狀的風箏賺取學費。

二宮式飛行器的構造

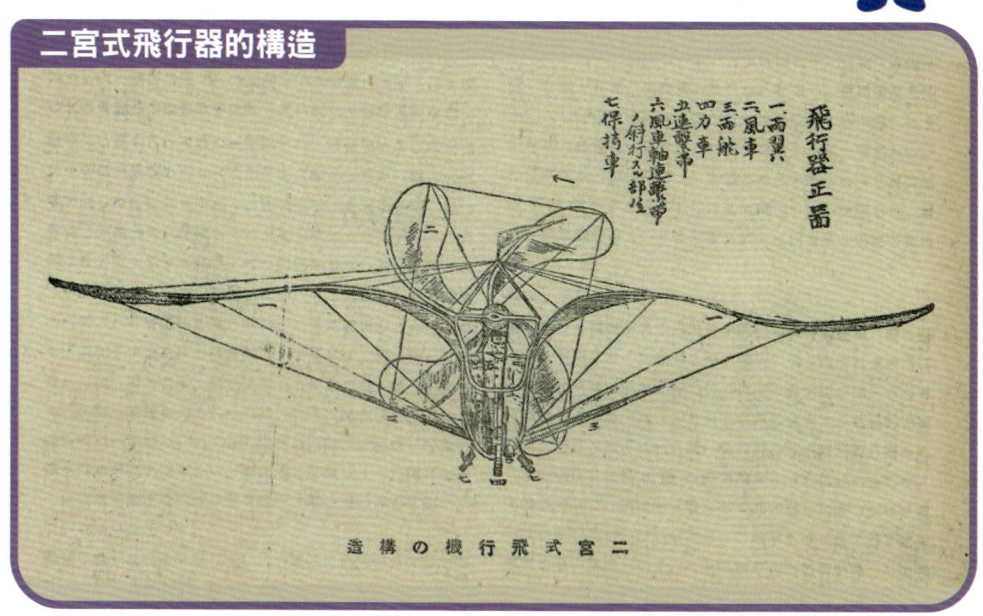

飛行器正面

一兩翼
二風車
三兩舵
四力車
五連繋帶
六風車軸連繋帶人斜打入部位
七保持車

二宮式飛行機の構造

刊載於『帝國飛行』的呈報書附加的飛行器說明圖。圖中有加上編號加以說明：（一）兩翼、（二）風車（螺旋槳）、（三）兩舵、（四）力車（用於滑行的車輪）、（五）連携帶（繫繩）、（六）風車軸連携帶斜行部位（螺旋槳軸繫繩斜拉的部位）（不明）、（七）保持車（輔助車輪）。

145

03　1910年，裝配**發動機**的**飛機**第一次在**日本**的**天空飛行**

　　自從萊特兄弟（→第142頁）首次飛行以來，日本也認識到研究開發飛機的必要性。

　　1909年，法國留學生勒普里耶爾（Yves Paul Gaston Le Prieur，1885～1963）使用滑翔機在東京上野飛行成功。不過，當時在日本還沒有使用裝配發動機的飛機飛行成功的案例。因此，陸軍派遣日野熊藏（1878～1946）和德川好敏

Le Prieur 2號

1909年，勒普里耶爾製造的滑翔機「Le Prieur 2」在汽車的牽引下，以數公尺的高度飛行了100公尺左右。

（1884～1963）前往歐洲。

　　1910年，日野在德國買了「Hans Grade」（漢斯格拉德號）單翼機，德川則在法國買了「Henri Farman」（亨利法爾曼號）多翼機。回國後，在東京代代木練兵場（現在的代代本公園）進行測試飛行，兩架飛機都在天空展現了完美的飛行。這就是日本第一次動力飛行（使用裝配發動機的飛機飛行）成功的瞬間。

5 「以前的飛機」和「未來的飛機」

Henri Farman

截至2022年2月為止，在日本所澤航空發祥紀念館展示的亨利法爾曼號機體。（協力：日本所澤航空發祥紀念館。所有人：日本防衛省航空自衛隊）

想知道更多

像亨利法爾曼號這樣有2片主翼的飛機稱為「多翼機」。

147

04　1911年奈良原三次製造出日本第一架國產飛機

　　在前頁介紹的日野和德川前往歐洲購買飛機的時期，日本也有人想要憑藉一己之力打造飛機。那個人就是海軍的奈良原三次。

　　奈良原製造的1號機可惜失敗了，但1911年在琦玉的所

日本民間航空發祥地

> 稻毛飛行場起初好像只是個用圓木和蘆葦簾子搭蓋庫房的簡陋場所。

曾經擁有稻毛飛行場的海岸，現在已經改建成為稻岸公園（千葉縣美濱區）。相片所示為標示民間航空發祥地的紀念碑。

澤，2號機成功地以4公尺的高度飛行了約60公尺。

奈良原離開軍隊之後，仍然繼續致力於製造飛機，但變得很難借到軍方的飛行場。

「這樣的話，那就自己建造飛行場好了！」

奈良原起了這個念頭之後，便在千葉稻毛區的海岸建造了日本第一座民間的飛行場。以這個地方為據點，培養飛行員、巡迴各地舉辦航空展，對日本航空界的發展做出了巨大的貢獻。

奈良原三次製造的飛機

奈良原製造了5架飛機。相片所示為第4架機體，命名為「鳳號」。

想知道更多

稻毛飛行場在退潮時會顯露出廣闊的海灘，可當作跑道使用。

下課時間

被譽為「無敵」的日本國產零式戰鬥機

這裡要介紹日本國產的知名戰鬥機。它的名稱是「零式艦上戰鬥機」，現在則被簡稱為「零戰」而廣為人知。

1937年，中日戰爭爆發，日本海軍要求各飛機公司製造新的戰鬥機。但是，要求的內容十分困難，既要裝載沉重的機鎗，卻又要能以足夠的速度輕巧地飛行，而且必須能飛越很長的距離。

而製造出這個可以說是「無理難題」戰鬥機的人，就是堀越二郎。

堀越利用當時最新技術將機翼尖端做出角度，減少了空氣阻力，因而增加了飛行速度。此外，又裝配了用過即丟的油箱，藉此減輕重量，進而拉長了能夠飛行的距離。

除此之外，又在座位處挖洞，或拿掉保護飛行員不會受到子彈攻擊的「防彈

板」，徹底減輕了機體的重量。
　依此手法打造出來的零式戰鬥機性能十分優異，直到太平洋戰爭中期為止均讓敵人驚恐萬分。雖然最後日本戰敗了，但直到今天仍然是廣受好評的戰鬥機。

零戰（零式艦上戰鬥機）
累計生產了一萬架以上。在戰爭期間，被美軍等人稱為「Zero Fighter」。中文譯名則有零式艦載戰鬥機、零式戰鬥機、零式戰機等等。

05　1900年代前半期使用活塞驅動的往復式發動機的時代

　　雖然飛機在進入20世紀後立刻登場，但載送人員的「客機」卻一直到1933年才出現。波音公司製造的「波音247」是最多可以搭載10名乘客的往復式飛機。

　　所謂的往復式飛機是指利用往復式發動機（reciprocating engine，活塞式引擎）驅動的飛機。使一個或多個稱為活塞（piston）的桿狀構件在圓筒（汽缸）內往復（來回運動），

波音377 Stratocruiser

波音377 Stratocruiser（American Overseas Airlines，美國海外航空）因其豪華的設備而享有「飛行旅館」等美譽。但由於營運成本太高及故障太多等問題，只生產了58架，以失敗收場。

想知道更多

「波音377」後來成為超級孔雀魚（→第118頁）的基礎機型。

活塞向前運動,壓縮筒內的燃料和空氣,然後點火燃燒,熱氣膨脹,推動活塞向後運動,經由連桿和曲軸轉變成驅動螺旋槳旋轉,使飛機飛行。

和波音247同一時期活躍的客機,還有美國的道格拉斯飛機公司(Douglas Aircraft)開發的DC-3,可以搭載21名乘客,比波音247多出一倍,成為賣出了1萬架以上的大熱門機型。

波音公司的「波音377 Stratocruiser」(同溫層巡航者)於1947年登場。部分機體為兩層樓構造,設置有座椅、床鋪、寬敞的化妝室、交誼室等豪華的設備。

DC-3(Finnair,芬蘭航空)

原本是為了能夠設置床鋪而設計的機型,因此機身的寬度加大,能比以往的飛機設置更多座位。

06　1900年代後半期發動機進化而產生了噴射客機

從1950年代前半期開始，利用噴射發動機驅動的噴射客機成為主流。

世界第一架噴射客機是英國的德哈維蘭公司的「DH-106 Comet」（彗星式），於1952年開始投入營運。機翼中裝配著4具渦輪噴射發動機（→第26頁），使得速度達到往復式飛機的2～3倍。

在1960年代，舊蘇聯的圖波列夫設計局（Tupolev）開發的「Tu-154」等三引擎噴射機（裝配3具發動機的機型）十分活躍。

在1970年代，麥克唐納‧道格拉斯公司（McDonnell Douglas）的「DC-10」等設置兩條走道的機型成為大熱門。

在1980年代，裝配玻璃駕駛艙（→第48頁）的波音B767（→第80頁）登場。

在1990年代，波音B777（→第78頁）登場。

> **想知道更多**
>
> 世界第一架渦輪螺旋槳（→第102頁）客機在1948年首次飛行。

在噴射機時代的初期活躍的飛機

原本長程飛行的飛機裝配有3具或4具發動機哦！現在，因為發動機的性能提升了，所以大多只有2具。

5「以前的飛機」和「未來的飛機」

DC-10（Laker Airways，萊克航空）

發動機安裝在機翼中吧！

Tu-154（UTair，烏塔航空）

DH-106 Comet（Dan Air London，倫敦丹恩航空）

155

07 1962年戰後的日本第一架客機 YS-11 升空

在第二次世界大戰中戰敗的日本，一度被禁止與飛機有關的研究，直到1952年才解除禁令。

1957年，「財團法人輸送機設計研究協會」成立，集結了堀越二郎（→第150頁）等優秀的技術人員，著手開發日

YS-11

全寬：32.0公尺
全長：26.3公尺
全高：9.0公尺
航程：1200公里
最大起飛重量：25,000公斤
標準座位數：64座

本戰後第一架國產客機。

　　1959年，協會結束任務而解散，由「日本航空機製造株式會社」接手開發的工作。在這裡換成堀越的弟子東條輝雄（1914～2012）擔任領導人。

　　在眾多技術人員殫精竭慮地進行開發、修改之下，打造出渦輪螺旋槳客機「YS-11」。1965年，取得美國聯邦航空局（FAA）的許可，終於開始投入營運。2006年，結束客機的任務退役。

1974年停止生產，總共製造了182架，其中有75架出口到美國及菲律賓等國家。相片所示為放置於琦玉縣所澤航空紀念公園展示的YS-11A-500R（管理人：所澤航空發祥紀念館）。

如果日本能夠再度製造客機，那就太好了！

想知道更多

「YS-11」的編號取自「輸送機（Y）設計（S）研究協會」的日語的羅馬字拼音首字母。

08　1970年代～以音速飛行的夢幻客機協和號

　　在各式各樣的客機競相登場之中，英國的英國飛機公司（British Aircraft）和法國的南方飛機公司（Sud Aviation）聯手製造了「Concorde」（協和號）。

　　協和號是一架飛行速度竟然比聲音更快的超音速客機。這架客機具備了宛如戰鬥機一般的特徵，例如空氣阻力很小的尖銳機首、三角形機翼、裝配後燃器（→第124頁）的發動機等等。

　　藉此，協和號飛行紐約～倫敦之間大約5500公里的航程最快2小時53分鐘就能完成，大幅領先其他客機的最快紀錄4小時56分鐘。

　　協和號於1976年開始投入營運，但缺點是燃油效能不佳及噪音等等。尤其是超音速飛行會產生震波，發出類似爆炸的「音爆」（sonic boom）成為嚴重的問題[編註]，因此2003年時全部終止服務而退役。

編註：當飛行器進入音速飛行時，由於機身對空氣的壓縮無法迅速傳播，逐漸在飛機的迎風面及其附近區域累積，最終形成震波面；震波面是聲波能量的高度集中面，也會與周圍的地面撞擊產生極為強烈的音爆，強烈的音爆會對地面的生物與建築物造成損害。

想知道更多

「Concorde」在法文中有「調和」、「協調」的意思。

Concorde
（British Airways，英國航空）

全寬：25.6公尺　　航程：7230公里
全長：61.7公尺　　最大起飛重量：18,500公斤
全高：12.2公尺　　標準座位數：100座（2+2列）

5「以前的飛機」和「未來的飛機」

音爆

右邊是從0.75馬赫到1.3馬赫所產生的震波示意圖（機體為F-35）。在插圖中，以平面方式表現震波，但實際上是從機首朝後方擴散成圓錐形。此外，震波的大小會依機翼及機體的形狀而有所不同。

0.75馬赫以下
不會產生震波。

0.8馬赫
主翼周遭的空氣流動超過音速，會產生震波，對機體的穩定性造成不良的影響。

0.95馬赫
機體表面的空氣流動大多超過音速。震波的強度增加，副翼、方向舵、升降舵（→第54頁）的作用變差。

1馬赫以上
機翼前緣及機首前端也會產生震波。若超過1.3馬赫，由於整個機體的空氣流動全部超過音速，所以飛行趨於穩定。

超過音速而飛行的飛機和震波傳播的樣態

從機體後方產生的震波
從機體前端產生的震波
震波傳抵地面的場所。兩個震波相繼抵達地面，所以會聽到兩次音爆。

159

09 即將來臨！使用超音速客機縮短航空旅行

前頁介紹了能以超音速飛行的協和號客機由於各種問題而終止服務退役的故事。從此之後，就再也沒有超音速客機登場。

但是，技術日新月異，如今，眾人的目光再度匯集在超音速客機的開發上。

日本的JAXA（日本宇宙航空研究開發機構）正在著手開發「小型靜音超音速客機」。據說，依據電腦模擬及實驗所構思出來的機身和機翼的形狀具有降低音爆（→第158頁）的效果。

NASA開發的「X-59 Quesst」（X-59靜音超音速實驗機）目前正在進行地面飛行測試。

甚至，波音公司也發表了超越超音速的「極超音速客機」的開發計畫。

> 好快啊～～

想知道更多

「Quesst」是「Quiet Super Sonic Technology」的縮寫，意即安靜的超音速技術。

小型靜音超音速客機

提供者：JAXA

JAXA正在研究中的「小型靜音超音速客機」依據電腦模擬及風洞實驗的結果所製造的試驗機，已經確認了具有降低音爆的效果。

X-59 Quesst（NASA）

上圖為X-59的完成想像圖。左方相片所示為X-59在工廠內進行組裝的場景。全寬9公尺、全長29.5公尺、全高4.3公尺，裝配美商奇異公司（GE）所製造的「F414-GE-100」發動機，巡航速度可達到1.4馬赫。此外，在民航機領域，史派克航太公司（Spike Aerospace）正在開發巡航速度1.6馬赫的商務噴射機「S-512」，美國布姆科技公司（Boom Technology）正在開發巡航速度1.7馬赫的「Overture」（序幕）。

5 「以前的飛機」和「未來的飛機」

161

10 即將來臨！因為太大而裝配摺疊式機翼的波音 B777X

相片所示為波音公司正在開發的「B777X」系列。

以B777（→第78頁）為基礎，把客艙加寬。尤其是B777-9，它是尺寸最大的客機。

B777X的機翼和B787（→第76頁）一樣又細又長，翼尖做成尖銳的「斜削式翼尖」的形狀[編註1]。利用這樣的設計，可以發揮類似小翼（→第20頁）的功能，防止產生翼尖渦流干擾飛機向前飛行。

B777X為了獲得較多升力（→第52頁），裝配又長又大的機翼。但是，機翼太長的話，可能會無法進入一般機場的設施。因此，設計成可以因應需要把機翼尖段摺疊起來。[編註2]

B777X預定從2026年開始交機。

編註 1：B777X 的斜削式翼尖後掠角比 B787 小，可以獲得更大的升力。
編註 2：折疊機翼是在航空母艦甲板空間有限的情況下運行的艦載機的典型特徵。折疊機翼允許飛機在狹窄的機庫中佔用更少的空間。

▶ 想知道更多
B777X 的機翼尖端只需大約 20 秒即可摺起或放平。

筆記

飛機的「全寬」若超過65公尺，將會無法使用現在某些機場的設施。B777X如果把機翼摺疊起來，可以縮短全寬7公尺，所以沒有問題。

5 「以前的飛機」和「未來的飛機」

B777X

產品線上有標準型B777-8和拉長機身的B777-9。運用了B787也採用的新技術，客艙也更加舒適。相片中為B777-9。

全寬：71.8公尺
全長：76.7公尺
全高：19.5公尺

航程：13,500公里
最大起飛重量：351,500公斤
標準座位數：426座（2級艙等）

11 即將來臨！使用「飛行汽車」在天空行駛

「如果汽車能夠在天空飛……」

想必有不少人曾經有過這樣的夢想吧！事實上，「飛行汽車」早在70多年前就已經被製造出來了。1949年，美國技術家毛頓‧泰勒（Moulton Taylor，1912～1995）開發了「Aerocar」（飛車號），而且生產了好幾輛。

2021年，斯洛伐克的克雷恩願景公司（Klein Vision）的「AirCar」（飛天汽車）首次飛行成功。AirCar在地面行駛時，外表看起來是一輛「裝著螺旋槳的汽車」。但是，一按下駕駛座的按鈕……，便會從車體後方緩緩地伸出尾翼，從側面慢慢地展開原本摺疊的主翼。只需3分鐘的時間，「汽車」就會變身成為「飛機」。

若想要讓「飛行汽車」實用化，除了技術的進步之外，還必須有法律等方面的配合。但無論如何，我們能夠在天空行駛的日子應該不遠了吧！

編註：2023 年 2 月，AeroMobil 公司因未能獲得新的融資而倒閉。

想知道更多

駕駛 AirCar 必須持有機師的證照。

5 「以前的飛機」和「未來的飛機」

AirCar

最多可載2人，使用BMW公司製造的汽油發動機驅動。只需一個按鍵就能展開摺疊的機翼。預定不久之後即可交車。

看起來好像變形機器人哦！帥呆了！

Aeromobil

斯洛伐克的飛車公司（AeroMobil）編註 開發。全長6公尺，最多可搭載2人，預定2024年交車。

下課時間

動畫中的交通工具在現實中成真M-02J

在觀看科幻動畫時，往往會出現在現實中不存在，但讓人「想要搭搭看」的交通工具。

「現實中沒有的話，做一個就好啦！」

抱著這樣的想法，製造出動畫電影「風之谷」裡面的飛翔交通工具「Möwe」（德語的海鷗）的人，就是八谷和彥。

相片所示為在2019年的奧什科什航空展（Oshkosh Air Show）登上飛機的場景。

電影裡所描繪的Möwe，是操縱者抓住滑翔機的上面，迎著風在天空自由地飛來飛去的交通工具。

　　八谷在2003年成立「Open Sky」計畫，以Möwe為原型，開始製造「M-02系列」。M-02系列的操縱方法十分特殊，利用體重的移動來掌舵。因此，首先製造讓操縱者練習用的滑翔機「M-02」。然後在2013年，完成使用噴射發動機飛行的「M-02J」，並且飛上了天空。

簡直就像小鳥一樣地飛來飛去哦！

M-02J
全寬9.6公尺，全長2.7公尺、全高1.4公尺左右。沒有尾翼，由機身莢艙和內翼‧外翼的兩片主翼構成。機體主要使用木材及FRP（纖維強化塑膠）製成。操縱方法接近懸掛式滑翔翼（hang-glider），操縱者趴在機體上方，利用體重的移動進行上下方向的控制，利用身體的扭轉進行左右方向的控制。

12 近未來使用對地球友善的燃料讓飛機飛行

近年來,地球暖化成為重大的問題。因此,各行各業紛紛提倡減少二氧化碳排放量的「脫碳化」(decarbonization),做為解決這個問題的應對措施。

飛機的發動機也是使用從石油提煉的「航空煤油」做為

ZEROe(翼身融合,blended wing body)

相片提供:AIRBUS

「ZEROe」概念機的一大特徵是主翼和機身融為一體的機體。液態氫存放在寬敞機身內的油箱中,因此可以做出各式各樣的機內客艙配置。

> **想知道更多**
> 日本也在國家主導下,進行使用對地球友善的燃料的飛機實驗。

燃料，所以會排出許多二氧化碳。

　　2020年，空中巴士公司發表了脫碳化的飛機「ZEROe」系列的構想，使用液態氫做為燃料。氫在燃燒後只會產生水，屬於對地球友善的燃料之一。動力採用渦輪風扇發動機（→第26頁）搭配電動馬達的混合型（hybrid）。

　　波音公司也和NASA合作，發表了「SUGAR」計畫，開發裝配以天然氣驅動的混合型發動機的飛機。

SUGAR Volt

SUGAR（Subsonic Ultra Green Aircraft Research，次音速超綠色飛機研究）計畫中的一架機體。除了混合型動力之外，也在研議使用天然氣的動力等等，2030～2040年有可能實現的方法。

13 近未來利用電力驅動的飛機 eVTOL 將會取代計程車

前頁提及脫碳化的議題。說到不太會排放二氧化碳的動力，那就是電力。

以飛機來說，目前，搭載1～5名乘客的小型飛機已經快要能夠完全電動化了。近年來，特別受到注目的是電動的垂直起降機「eVTOL」（electric vertical take-off and landing）。日本的本田公司正在開發一種外觀宛如無人機和直升機結合而成的「Honda eVTOL」。

NASA則正在開發稱為「X-57 Maxwell」（X-57馬克士威）的電動飛機。

此外，還有日本的SkyDrive、德國的Volocopter公司等等，世界各國的廠商紛紛投入小型電動飛機的開發。據說這種飛機可做為「飛行計程車」使用。或許在不久的將來，就能載著我們在大街小巷到處飛行了吧！

> **想知道更多**
> 「垂直起降機」是指不需要跑道的飛機。

Honda eVTOL

本田公司正在研究開發eVTOL，並計畫在2030年開始商用化。為了拉長航程，利用天然氣渦輪發電機和電池提供電力，驅動馬達以轉動螺旋槳。

X-57 Maxwell

也許有天飛機將成為環保交通工具！

NASA正在開發的實驗用電動飛機，以義大利Tecnam公司的「P2006T」為基礎改造而成。主翼的前緣裝配小型螺旋槳、翼尖裝配大型螺旋槳（全部利用馬達驅動），總共14具。小型螺旋槳的作用在於增加通過機翼上面的空氣流動以增加升力，只有在起降時使用。巡航時，把小型螺旋槳摺疊起來，只用大型螺旋槳飛行。目前正在籌備首次飛行之中。譯註

譯註：此計畫因推進系統的安全問題而取消了。

＊圖像提供：NASA Langley/Advanced Concepts Lab. AMA, Inc

5「以前的飛機」和「未來的飛機」

十二年國教課綱對照表

第一碼「主題代碼」：主題代碼（A～N）+ 次主題代碼（a～f）。

主題	次主題
物質的組成與特性（A）	物質組成與元素的週期性（a）、物質的形態、性質及分類（b）
能量的形式、轉換及流動（B）	能量的形式與轉換（a）、溫度與熱量（b）、生物體內的能量與代謝（c）、生態系中能量的流動與轉換（d）
物質的結構與功能（C）	物質的分離與鑑定（a）、物質的結構與功能（b）
生物體的構造與功能（D）	細胞的構造與功能（a）、動植物體的構造與功能（b）、生物體內的恆定性與調節（c）
物質系統（E）	自然界的尺度與單位（a）、力與運動（b）、氣體（c）、宇宙與天體（d）
地球環境（F）	組成地球的物質（a）、地球與太空（b）、生物圈的組成（c）
演化與延續（G）	生殖與遺傳（a）、演化（b）、生物多樣性（c）
地球的歷史（H）	地球的起源與演變（a）、地層與化石（b）
變動的地球（I）	地表與地殼的變動（a）、天氣與氣候變化（b）、海水的運動（c）、晝夜與季節（d）
物質的反應、平衡及製造（J）	物質反應規律（a）、水溶液中的變化（b）、氧化與還原反應（c）、酸鹼反應（d）、化學反應速率與平衡（e）、有機化合物的性質、製備及反應（f）
自然界的現象與交互作用（K）	波動、光及聲音（a）、萬有引力（b）、電磁現象（c）、量子現象（d）、基本交互作用（e）
生物與環境（L）	生物間的交互作用（a）、生物與環境的交互作用（b）
科學、科技、社會及人文（M）	科學、技術及社會的互動關係（a）、科學發展的歷史（b）、科學在生活中的應用（c）、天然災害與防治（d）、環境汙染與防治（e）
資源與永續發展（N）	永續發展與資源的利用（a）、氣候變遷之影響與調適（b）、能源的開發與利用（c）

第二碼「學習階段」：以羅馬數字表示，I（國小1-2年級）；II（國小3-4年級）；III（國小5-6年級）；IV（國中7-9年級）。
第三碼「流水號」：學習內容的阿拉伯數字流水號。

頁碼	單元名稱	階段/科目	《兒童伽利略－飛機學校》十二年國教課綱自然科學領域學習內容架構表
030	能夠承受高空1萬公尺環境的堅固機體	國中/化學	Ec-IV-1　大氣壓力是因為大氣層中空氣的重量所造成。 Ec-IV-2　定溫下，定量氣體在密閉容器內，其壓力與體積的定性關係。 Ma-IV-3　不同的材料對生活及社會的影響。
032	輕盈又堅固的材料「碳纖維強化聚合物 CFRP」	國中/化學	Ma-IV-3　不同的材料對生活及社會的影響。
034	飛行中的飛機遇到雷擊會怎樣？	國中/物理	Kc-IV-1　摩擦可以產生靜電。
038	能夠緩和起降時衝擊的機械結構	國中/物理	Eb-IV-13　對於每一作用力都有一個大小相等、方向相反的反作用力。
040	找找看使客艙更加舒適的祕訣吧！	國中/化學	Me-IV-3　空氣品質與空氣汙染的種類、來源及一般防治方法。

048	排列著許多液晶顯示器和開關的駕駛艙	國中 / 科技	資 S-IV-1　系統平台重要發展與演進。 資 S-IV-2　系統平臺之組成架構與基本運作原理。 資 H-IV-6　資訊科技對人類生活之影響。
050	飛機是由電腦在駕駛的嗎？		
052	把機體抬向空中的「升力」	國小 / 自然	INd-II-4　空氣流動產生風。 INb-III-3　物質表面的結構與性質不同，其可產生的摩擦力不同；摩擦力會影響物體運動的情形。
		國中 / 地科	Ib-IV-2　氣壓差會造成空氣的流動而產生風。
056	飛機因為有「飛行操縱面」才能在空中改變姿勢	國中 / 物理	Eb-IV-2　力矩會改變物體的轉動，槓桿是力矩的作用。 Eb-IV-7　簡單機械，例如：槓桿、滑輪、輪軸、齒輪、斜面，通常具有省時、省力，或者是改變作用力方向等功能。
058	雖然小但能發揮大作用的「尾翼」		
062	煞車時發動機仍然全部開啟著！？	國小 / 自然	INd-III-13　施力可使物體的運動速度改變。
074	終止飛航任務的飛機怎麼處理？	國小 / 自然	INg-II-3　可利用垃圾減量、資源回收、節約能源等方法來保護環境。
		國中 / 地科	Na-IV-7　為使地球永續發展，可以從減量、回收、再利用、綠能等做起。
090	從鳥翼獲得靈感而製造的空中巴士 A350XWB	國小 / 自然	INf-III-3　自然界生物的特徵與原理在人類生活上的應用。
		國中 / 生物	Mc-IV-2　運用生物體的構造與功能，可改善人類生活。
142	1903 年，萊特兄弟完成人類首次動力飛行	國小 / 自然 國中 / 跨科 國中 / 物理	INf-III-1　世界與本地不同性別科學家的事蹟與貢獻。 INa-IV-3　科學的發現，及其對生活與社會的影響。 Mb-IV-2　科學史上重要發現的過程，以及不同性別、背景、族群者於其中的貢獻。
144	比萊特兄弟更早構想出飛機的二宮忠八		
152	1900 年代前半期，使用活塞驅動的往復式發動機的時代	國中 / 跨科 國中 / 物理	INa-IV-3　科學的發現，及其對生活與社會的影響。 Mb-IV-2　科學史上重要發現的過程，以及不同性別、背景、族群者於其中的貢獻。
154	1900 年代後半期，發動機進化而產生了噴射客機		
158	1970 年代～以音速飛行的夢幻客機協和號	國小 / 自然	INe-III-6　聲音有大小、高低與音色等不同性質，生活中聲音有樂音與噪音之分。 INf-III-2　科技在生活中的應用與對環境與人體的影響。
		國中 / 跨科	INa-IV-3　科學的發現，及其對生活與社會的影響。
160	即將來臨！使用超音速客機縮短航空旅行	國小 / 自然	INe-III-6　噪音可以防治。
		國中 / 跨科	INa-IV-3　科學的發現，及其對生活與社會的影響。
		國中 / 科技	生 A-IV-6　新興科技的應用。

173

162	即將來臨！因為太大而裝配摺疊式機翼的波音 B777X	國中 / 跨科 國中 / 科技	INa- IV -3　科學的發現，及其對生活與社會的影響。 生 A-IV-6　新興科技的應用。
164	即將來臨！使用「飛行汽車」在天空行駛		
166	動畫中的交通工具在現實中成真 M-02J		
168	近未來，使用對地球友善的燃料讓飛機飛行	國小 / 自然	INg- II -1　人類生存與生活需依賴自然環境中的各種資源，但自然資源都是有限的，需要珍惜使用。 INg- II -2　地球資源永續可結合日常生活中低碳與節水方法做起。 INg- III -4　人類的活動會造成氣候變遷，加劇對生態與環境的影響。 INg- III -5　能源的使用與地球永續發展息息相關。 INg- III -6　碳足跡與水足跡所代表環境的意涵。 INg- III -7　人類行為的改變可以減緩氣候變遷所造成的衝擊與影響。
170	近未來，利用電力驅動的飛機 eVTOL 將會取代計程車	國中 / 跨科	INa- IV -3　新能源及其生活與社會的影響。 INa- IV -5　能源開發、利用及永續性。 INg- IV -6　新興科技的發展對自然環境的影響。 INg- IV -7　溫室氣體與全球暖化的關係。 INg- IV -8　氣候變遷產生的衝擊是全球性的。 INg- IV -9　因應氣候變遷的方法，主要有減緩與調適兩種途徑。
		國中 / 地科	Na- IV -6　人類社會的發展必須建立在保護地球自然環境的基礎上。 Na- IV -7　為使地球永續發展，可以從減量、回收、再利用、綠能等做起。 Nb- IV -2　氣候變遷產生的衝擊有海平面上升、全球暖化、異常降水等現象。 Nb- IV -3　因應氣候變遷的方法有減緩與調適。

Photograph

10-11	masahiro/stock.adobe.com	44-45	（B747-400BDSF）Wolfgang/stock.adobe.com,（コンテナ）Supakit/stock.adobe.com,（パレット）sc husterbauer.com/shutterstock.com
12-13	所沢航空発祥記念館		
14-15	Honda Aircraft Company		
16-17	takapon/PIXTA	46	株式会社ジャムコ
18	masahiro/stock.adobe.com	49	安友康博/Newton Press
25	Media_works/shutterstock.com	51	AIRBUS - Computer Graphics by i3M
28	iStock.com/GordZam	52	T_kosumi/stock.adobe.com
29	Mike Fuchslocher/shutterstock.com	59	（双尾翼）Roden Wilmar/shutterstock.com,（T字尾翼）Carlos Yudica/stock.adobe.com,（十字尾翼）©Allan Clegg	Dreamstime.com,（通常型）Markus Mainka/stock.adobe.com
31	AIRBUS		
33	Markus Mainka/stock.adobe.com		
35	（レドームの中の気象レーダー）aapsky©123RF.COM,（スタティック・ディスチャージャー）phi chak/stock.adobe.com	63	（着陸直前の飛行機）marumaru/shutterstock.com,（スポイラー）Dmytro Vietrov/shutterstock.com,（逆噴射）Digital Work/shutterstock.com
37	Igor Marx/shutterstock.com		
41	supakitswn/shutterstock.com	64	（航空障害灯）camnakano/PIXTA,（飛行場灯台）photolibrary
43	（クルーレスト）iStock.com/Jacek_Sopotnicki,（旅客機のギャレー）Media_Works/stock.adobe.com	65	MAKO/PIXTA

67	Ander Dylan/shutterstock.com
71	（ボーディングブリッジ）takashi17/PIXTA,（給油車）だい/PIXTA,（ランプバス）Dushlik/stock.adobe.com,（給水車）Serhii Ivashchuk/shutterstock.com
73	（トーイングカー）Pi-Lens/shutterstock.com,（整備を受ける旅客機）Fasttailwind/shutterstock.com,（トーイングトラクタ）GYRO_PHOTOGRAPHY/イメージマート,（フードローダー）M101Studio/shutterstock.com,（ハイリフトカー）Supakit/stock.adobe.com,（ベルトローダー）milkovasa/stock.adobe.com
74	gokturk_06/stock.adobe.com
76-77	w_p_o/stock.adobe.com
78-79	viper-zero/shutterstock.com
80-81	（B767-300ER）zapper/stock.adobe.com,（B757-200）viper-zero/shutterstock.com
82-83	russell102/stock.adobe.com
84-85	Lukas Wunderlich/shutterstock.com
87	IanDewarPhotography/stock.adobe.com
88-89	franz massard/stock.adobe.com
90-91	fifg/shutterstock.com
93	（A340-300）Lukas Wunderlich/shutterstock.com,（A330-300）Tupungato/shutterstock.com
95	（A321-100）gordzam/stock.adobe.com,（A319・A318）Björn Wylezich/shutterstock.com,（A320-200）Wirestock/shutterstock.com
96-97	（A220-300）Renatas Repcinskas/shutterstock.com,（コックピット）Fasttailwind/shutterstock.com
98-99	Jerry/stock.adobe.com
100	art_zzz/shutterstock.com
101	lasta29 (https://www.flickr.com/photos/115391424@N05/23557730763)
102～105	Markus Mainka/stock.adobe.com
106-107	（ATR72-600）Markus Mainka/stock.adobe.com,（貨物室・エアステア）Renatas Repcinskas/shutterstock.com
108-109	takapon/PIXTA
110	（Do228）Newton Press,（客室内）TOKO/PIXTA
113	Honda Aircraft Company
114	（CJ4）Vytautas Kielaitis/shutterstock.com,（リアジェット・75リバティ）Adomas Daunoravicius/shutterstock.com
115	（G650）iStock.com/Gilles Bizet,（ボンバルディア・チャレンジャー650）Media_works/shutterstock.com
116-117	（ビーチクラフト・バロンG58）©Patrick Allen	Dreamstime.com,（クエスト・コディアック100）viper-zero/shutterstock.com,（ダッソー・ファルコン8X）©Evren Kalinbacak	Dreamstime.com,（PA-28-181アーチャー）Markus Mainka/shutterstock.com,（ボンバルディア・

	グローバル7500）gordzam/stock.adobe.com,（セスナ・スカイホーク）Philip Pilosian/shutterstock.com
119	（ベルーガXL）joerg joerns/shutterstock.com,（ドリームリフター）Richard Brew/shutterstock.com,（スーパーグッピー・タービン）NASA, Kennedy Space Center
120-121	Wolfgang/stock.adobe.com
125	©Michaelfitzsimmons	Dreamstime.com
126-127	航空自衛隊
128-129	U.S. Air Force
130-131	iStock.com/Artyom_Anikeev
133	（ユーロファイター）iStock.com/Ryan Fletcher,（ラファール）VanderWolf Images/stock.adobe.com,（グリペン）iStock.com/Ryan Fletcher
134	（戦闘機）iStock.com/Nordroden,（爆撃機）BlueBarronPhoto/shutterstock.com
135	（攻撃機）Ian Cramman/shutterstock.com,（空中給油機）航空自衛隊
136-137	（空中警戒管制機）iStock.com/Fotokot197,（哨戒機）Michael Fitzsimmons/shutterstock.com,（偵察機）U.S. Air Force photo by Bobbi Zapka,（輸送機）Shuravi07/shutterstock.com
138-139	（日本国政府専用機）やえざくら/PIXTA,（初代の貴賓室）343sqn/PIXTA
140	w_p_o/stock.adobe.com
145	（二宮忠八）飛行神社,（二宮式飛行器の構造）国立国会図書館
146	一般財団法人日本航空協会
147	Newton Press（協力：所沢航空発祥記念館）
148	barman/PIXTA
149	一般財団法人日本航空協会
152	IISG (https://www.flickr.com/photos/iisg/51356681261)
153	Igor Groshev/stock.adobe.com
155	（DC-10）Aero Icarus (https://www.flickr.com/photos/aero_icarus/4950490022)(Tu-154)Dmitry Terekhov (https://www.flickr.com/photos/44400809@N07/4936781577)(DH-106コメット)©Allan Clegg	Dreamstime.com
156-157	Newton Press（協力：所沢航空発祥記念館）
159	Photo by Getty Images
161	（小型静粛超音速旅客機）JAXA,（X-59 QueSST）NASA
163	BOEING
165	（エアカー）Klein Vision,（エアロモービル）AEROMOBIL
166-167	香河英史 ©PetWORKs / Kazuhiko Hachiya
168	AIRBUS
169	BOEING
171	（Honda eVTOL）本田技研工業株式会社,（X-57マクスウェル）NASA Langley/Advanced Concepts Lab, AMA, Inc

Illustration

◇キャラクターデザイン　宮川愛理

20～25	Newton Press
27	Rolls-Royce pic
32	Newton Press
37～39	Newton Press
41	羽田野乃花
44	SUE/stock.adobe.com
46	jules/stock.adobe.com・Graficriver/stock.adobe.com・dzm1try/stock.adobe.com・salim138/stock.adobe.com
53	Newton Press
55	吉原成行
56～63	Newton Press
64-65	Newton Press・ChaiwutNNN/stock.adobe.com
67	（飛行機の主な空域）Newton Press・Artem/stock.adobe.com,（日本の空域）Newton Press・Tunasalmon/stock.adobe.com
69	（フライトレコーダ）alexlmx/stock.adobe.com,（その他）Newton Press
71～73	Newton Press
86	Newton Press
123～124	Newton Press
143	Newton Press
150-151	優気夏歌/PIXTA
159	Newton Press

175

國家圖書館出版品預行編目(CIP)資料

飛機學校 / 日本Newton Press作；黃經良翻譯. --
第一版. -- 新北市：人人出版股份有限公司, 2025.04
　　面；　公分. -- (兒童伽利略；5)
ISBN 978-986-461-432-5(平裝)

1.CST: 飛機　2.CST: 通俗作品

447.73　　　　　　　　　　　　　　114001675

兒童伽利略❺
飛機學校

作者／日本Newton Press

翻譯／黃經良

審訂／王存立

發行人／周元白

出版者／人人出版股份有限公司

地址／231028新北市新店區寶橋路235巷6弄6號7樓

電話／(02)2918-3366（代表號）

傳真／(02)2914-0000

網址／www.jjp.com.tw

郵政劃撥帳號／16402311人人出版股份有限公司

製版印刷／長城製版印刷股份有限公司

電話／(02)2918-3366（代表號）

香港經銷商／一代匯集

電話／（852）2783-8102

第一版第一刷／2025年4月

定價／新台幣400元

港幣133元

NEWTON KAGAKU NO GAKKO SERIES HIKOKI NO GAKKO
Copyright © Newton Press 2024
Chinese translation rights in complex characters arranged with
Newton Press
through Japan UNI Agency, Inc., Tokyo
www.newtonpress.co.jp

●著作權所有　翻印必究●